U0944334

饲料质量评估与安全管理

韦海涛　辛盛鹏　主编译

中国农业大学出版社

编 委 会

序

我国的饲料工业是伴随着改革开放迅速发展起来的一个新兴行业。20 年来饲料工业从无到有、从小到大，目前已成为国民经济中的一个重要行业。随着饲料工业的蓬勃发展，饲料安全问题日显突出。近年来，由饲料安全问题而引发的食品安全事件屡有发生。如国际上的疯牛病、二噁英污染事件、法国污水饲料事件，国内的瘦肉精、三聚氰胺等违禁品在饲料中的添加使用，都引起人们极大的恐慌，带来严重的社会问题。如果饲料产品中存在不安全因素，必然影响饲养动物的正常、健康生长，其残留物通过转移与积蓄，不仅污染环境，而且最终也会影响到人类健康。饲料安全是食品安全的重要组成部分，在世界范围内已成为共识。我国政府也一直把健全饲料法律法规，禁止在饲料中滥用抗生素、激素等药品作为保证养殖业健康发展、维护人民身体健康的重要措施。

为借鉴国外先进经验，科学评估饲料质量与安全，及时把握国外饲料行业发展脉搏，保障饲料安全，提高畜禽产品质量，北京市农业局组织编译了《饲料质量评估与安全管理》一书。该书从多个方面介绍了现代饲料分析技术、饲料成分的多样性、饲料微生物学、饲料中污染物和毒素等内容，为业内同仁提供一个了解和掌握国外先进知识与相关法律法规的渠道。

我们真诚地希望通过此书抛砖引玉，把更多国外先进的管理方法和理念介绍到国内，进一步提高饲料安全意识，保障饲料安全，让我们齐心协力为我国饲料工业的健康发展不懈奋斗。

北京市农业局副局长

前　　言

近年来，饲料安全问题引发的食品安全事件屡有发生，国外如疯牛病、二噁英污染等，国内的瘦肉精、红心鸭蛋、三聚氰胺事件等。这就使得“饲料安全即食品安全”的概念在世界范围内已成为共识。

饲料中不应含有对饲养动物的健康与生产性能造成实际危害的有毒、有害物质，因其不仅会在畜产品中残留、蓄积和转移，且因饲料种类多样、成分复杂，饲料的好坏直接影响到饲喂动物的消化、代谢与吸收，最终危害人体健康，对人类的生存环境构成威胁。如在饲料中非法使用违禁药物、滥用饲料添加剂、卫生指标不合格等，这不仅给养殖业带来经济损失，又会直接威胁人类的身体健康。

我国政府也一直把健全饲料法律法规，禁止在饲料中滥用抗生素、激素等药品作为保证养殖业健康发展、维护人民身体健康的重要措施。保证饲料质量离不开饲料的正确分析与分析技术的发展。本书介绍了当前的饲料程序化分析中应注重的环节，饲料主要组成部分（干物质、灰分和矿物质、粗蛋白、脂肪、纤维和淀粉）的质量控制要求，描述了近年来饲料分析中普遍关注的次级污染（单宁酸、霉菌毒素及其他污染物）问题，以期获得全面准确的饲料营养成分数据，有效利用饲料信息开展畜牧业生产，这对养殖业经营管理非常重要；此书还译述了抗生素类促进剂的使用、体外产气法评定饲料营养价值技术；饲料微生物的应用与控制技术、饲料污染控制技术。

美国饲料管理协会（AACFO）已着手开展饲料安全计划，该计划涵盖了饲料的生产、包装与运输等环节。本书介绍了AACFO饲料安全计划、添加药物饲料的典型计划、自愿性的自我检查计划、饲料与饲料原料良好操作规范、饲料强制性方针政策、生物安全协议与应急指导文件。通过参考国外成功的管理经验，以期对我国饲料管理与饲料生产水平提高有所裨益。

前言

目　　录

第一章　现代饲料分析技术

本章回顾了当前一些公认的饲料快速分析方法。相对于混合物，单一化合物的分析更易标准化，但实验室间关于某些营养指标（如油脂、纤维、淀粉等）测定结果的变异较大。故研究饲料分析方法，以控制饲料品质迫在眉睫。当今经过鉴定的饲料分析标样（CRMs）及成熟的检验方案均较少。抗营养因子（如单宁）的结构与功能之间关系尚待阐明，故尚无有效检测法供植物育种者使用，以通过育种减少抗营养因子。

至今，"溯源分析检测"的概念已转换为"饲料可追溯性"，并以"饲料护照"的形式出现。随着肉骨粉在牛饲料中的应用所导致的疯牛病危机，及大豆新品种引起的转基因生物体争端等问题的发生，使得饲料的可追溯性变得更加重要了。

一、引言

多数饲料及其副产物的组成成分不稳定，只有极少数原料（如冻干全乳清）的成分稳定，无需经常检测。

饲料分析可提供的信息：饲料的优化利用；不同品种动物在各个生理阶段饲料配方的制作；有助于研究动物生产性能与饲料品质之间的关系；有助于植物育种学家开发出具有优良营养价值的新品种。

在过去数年中已制定并应用的许多快速检测方法，满足了大样本量的快速检测需求，如入境口岸、交易状况、污染点或植物育种方案。

本章涵盖了促进质量保证和质量控制分析发展的主要因素。下文将描述标准的、被广泛认可的检测方法，同时也会谈及饲料分析方面的最新进展。所涉主题主要包括：样品制备、主成分分析（干物质、灰分和矿物质、粗蛋白、脂肪、纤维和淀粉），以及植物副产品中抗营养因子（单宁酸、霉菌毒素、其他污染物）分析。此外，还提到了近红外光谱法的发展过程，及其与传统饲料分析技术相比较所具备的前景。

读者可参考与养殖有关的饲料评价和配方方面的书籍包括：Wiseman 和 Cole（1990），Minson（1990），AFRC（1993）。详细的分析方法可在 MAFF（1986），Watson（1994），AOAC（1995）及网络上查到。

本章仅简略提及几种与副产品分析相关的色谱及质谱技术，但不包括新的体外消化率技术、热解-质谱、核磁共振或其他光谱技术等，这些将在其他章提到。

二、饲料分析过程中的质量控制

(一)实验室间结果的差异

19 世纪“科学农业”的开始，获得有用、可比较数据显得尤为重要。方法的不同，导致了结果的差异及监管混乱，1884 年与化肥分析相关的会议第一次召开，很快于 1886 年，会议就涉及到饲料分析。AOAC 成立于 1896 年，食品和饲料分析是重要内容之一。1965 年，其改名为“公职分析化学工作者协会”，目前该协会所涉及的范围更为广阔。

1985 年一份食品实验室关于铅和镉分析报告的结果不准确，使得数据的有效性遭到质疑。落后于食品分析的饲料分析也存在类似问题，下面的例子说明了该问题的严重性。

Bailey 和 Hendeson(1990)分析了 15 个饲料分析实验室的油脂和糖分测定结果，认为测定方法的精确度较差，而这些数据将用于制作标签及标注能量水平，具有重要的商业价值，因此迫切需要提高测定技术。Lanar 等人(1991)分析了 20 个饲料实验室对酿制啤酒的谷物、干甜菜及干草的检测结果，认为干物质(DM)、粗蛋白(CP)、粗纤维(CF)、灰分、酸性洗涤纤维(ADF)及总能(GE)的变异系数达到了 5%甚至更高。Beever 等人(1996)提交了 10 个商业饲料分析实验室关于青贮玉米的分析数据，其中 CP 和淀粉的变异系数分别为 12.7%及 16%，变异较大、可接受性差。此外，Givens 等人(2000)也报道了一些大型实验室关于饲料中有机质(OM)消化率、瘤胃降解、天然气生产动力学、体外消化率、代谢能和总能检测方面的变异。

体外及体内消化率的测定结果显示实验室间存在差异。Madsen 和 Hvelplund(1994)将 5 个饲料样品分别送到 17 个国家的 23 个实验室进行检测，发现当母牛或绵羊瘤胃使用尼龙袋法时，“各实验室间蛋白质降解率测定结果间的变异是不可接受的”。但实验室内的变异可接受。他们认为，各实验室之间的样品制备和尼龙袋本身存在差异，适合实验室定期校对的方案及饲料标准中的一些细节也存在差异。在 3 个实验室开展 Tilley-Terry 分析法的环比试验表明，粗饲料 OM 消化率的测定可有效比对实验室之间的不同。而所有问题集中起来即需要一个详细的标准，饲料生产商转向了酶法，结果可重复。

预测体内消化率的体外消化法(瘤胃流体技术在纤维素中的应用)，各实验室之间的差异较大。故必须克服方法上的差异。

以上数据说明了饲料分析中所存在的困难。需要坚持方法细节的严密性，特别是方法本身定义的测定成分的组成，如EE、中性洗涤纤维(NDF)和木质素，从经验上来说，这些物质的化学组成相同。Zeeman和Bonn(1995)建议，淀粉也应有一个国际化的定义。测定结果较大的变异可能反映了分析方法存在的问题，因此需要更为详细的方法。如NDF值过高的问题，可能源于淀粉溶解不完全。最近Thiex等人(1996)调查显示，检测报告中数值的变异较大，AOAC也注意到了这一点。根据这一结果，有关方面提出了几项有利于减少饲料和宠物食品中数值误差的建议。

(二)质量保证方案的益处

通过对饲料分析方法相关文献的回顾，可以看到报告中结果的变异主要由基因型、环境因子或不同实验室检测等因素造成。因此，Petterson等人(1999)推荐使用质量保证计划、实验室评估程序员等。

世界卫生组织(WHO)的全球性环境监测计划测试了欧盟(EU)有关实验室关于食品污染检测方面的数据。涉及到5个方面的能力测试、21个国家的136个实验室，使用各实验室自己的首选方法来分析微量元素(奶粉中的铅、镉、汞)，农药(菠菜粉末中的有机氯、有机磷、拟除虫菊酯、硝酸盐)，动物饲料中的黄曲霉素。其中痕量金属元素、杀虫剂、硝酸盐、黄曲霉毒素及棒曲霉素的准确率分别为60%、41%、43%、88%和68%。

Key(1997)等总结了1990—1996年英国食品分析能力评价体系(FAPAS)的结果。其中对猪饲料中水分、灰分、EE、CP、CF及铜等的检测，只有76%的实验室取得了令人满意的结果。FAPAS的研究显示，91%的黄曲霉毒素、81%的兽药残留和86%的二氯二苯二氯乙烯(DDE)检测数据令人满意，但二氯二苯三氯乙烷(DDT)和钙分别仅有71%和65%的数据让人满意。有关钙的分析方法多年来未见提高。实验室间的比较和能力测试可能更加突出方法的重要性，如使用某些免疫学方法进行兽药残留分析。若实验室定期参加能力测试(如FAPAS)，其检测结果的准确性将会有所增加。

Horwitz(1993)观察到：在生物科学领域，多数实验处理与分析在单一实验室进行。其他实验室进行方法验证不仅多余，且毫无益处，因如此将得到“结果多变”的论断。在过去20年间，实验室间的协作成为惟一评价方法变异性的做法，并日益明显。同时，这种协作也能应对高质量数据监管计划不断增加的需求。

(三)如何获得有效的数据

英国贸工部于1994年将有效测量计划(VAM)纳入了4项主要原则。

原则 1:检测方法完全有效。

严格认证的方法可为分析技术的实施提供信息(如准确性和精确度、操作范围、选择性和检测界限)。当检测值不确定时,这将必不可少。否则,数据的使用者将对数据产生怀疑。另外,有关对问题的表述,外行可能把"不确定"曲解为错误或不正确。

原则 2:质量保证协议应纳入标定标样(CRMs),以确保检测的可追溯性。

标定标样用于:常规分析条件下校准及检定;内部质量控制及质量管理计划;新测定方法的发展及确认。

遗憾的是,仅少量 CRMs 可用于饲料分析。如干草粉(钙、钾、镁、磷、硫、锌、碘、氮、凯氏定氮-N)和黑麦草(硼、锑、镉、铜、汞、锰、钼、镍、铅、锑、硒、锌)中矿物质的测定有相应的标定标样,可在 Walker 和 Brookman(1998)的产品生产信息中找到。

原则 3:实验室应寻求独立评估,最好参与国家或国际水平测试计划(PTS)。

PTS 可评估各实验室的检测水平。

原则 4:实验室应寻求有关认证,其检测质量保证方案最好通过评审或特许,以成为公认的质量标准。

必须认识到,只有通过认可的实验室所进行的分析才有效,如 NAMAS M10、ISO90025、ISO/IEC17025、EN4501 等。发展中国家的实验室可以参考《通用手册》来解决其质量保证体系中的一般性问题。

(四)样品制备

分析数据可用与否,关键在于样品的代表性,及其在运输、样品准备过程(干燥、粉碎)中的完整性。在 Feeding Stuffs(1988)、AOAC(1995)、Crosby(1995)和 Wrigley(1999)的报道中可找到相关指导方针。

三、饲料分析过程中的质量保证

(一)水分

测定方法:样品置 105℃烘箱中 16 h,或 125℃烘 4 h、或 135℃烘 3 h(AOAC,1995)。糖蜜因含大量挥发性化合物,其烘干温度为 70℃;青贮和高脂肪饲料烘干较困难,须通过真空干燥箱 95~100℃或小于 70℃干燥(AOAC,1995),Karl Fischer 法或甲苯蒸馏等法也可测定。Baker 等(1994)认为饲料水分测定结果变异较大,其归因于烘箱的可变温度梯度。

(二)灰分

饲料粗灰分测定需经 600℃高温灼烧 2 h 或 500～550℃灼烧 12～16 h。Crosby(1995)针对组成复杂的样品，列出了一些特殊的手段。如使用原子吸收光谱法测定固体饲料中铜含量的方法，该法要求测定样品中铜的质量控制在 2～3 mg，这比较困难，故该法有待进一步改进，以便更好地用于饲料常规分析。

(三)粗蛋白

粗蛋白(Crude Proterin, CP)是评估牧草蛋白质含量的标准，Lakin(1978)和 Midkiff(1984)总结了凯氏定氮法的形成过程及关键控制点(催化剂、温度和消化时间)。杜马斯法是凯氏定氮法的替代方法，该法中被测样品燃烧后经仪器测定后获得总氮量，整个过程仅需 2～5 min，但是该法的样品(20～500 mg)小，样品的代表性是杜马斯法的关键，因此样品需经过精细研磨及烘干，以避免试剂浪费和检测失误。饲料 CP 检测(如青贮饲料)最有效的方法仍为凯氏定氮法，因杜马斯法中干燥过程可造成氮的损失。

凯氏定氮法的主要缺点是反应过程中需要使用具有腐蚀性和有毒的试剂。

杜马斯法测定的总氮值略微高于凯氏定氮法，因前者还包括硝酸盐和高抗酸溶有机化合物中的氮。用两种方法测定水果、蔬菜及鱼粉等中粗蛋白时，二者测定的氮差值约为 0.15。

饲料中总氮转换为 CP 的系数为 6.25。不同蛋白质的氨基酸组成不同，其氮含量不同，总氮量换算成 CP 的系数也不同，该系数的范围由谷类饲料的 5.14 到乳制品的 6.38。目前对这些系数的有效性尚有质疑，为便于计算，报道中应该将 CP 值及转换系数一并说明。

染色法测定蛋白质含量的方法尚未得到认可。近来，Strong 和 Duarte(1992)报道小麦、水稻及大豆中的蛋白质可采用双缩脲法测定，该法简单快速，5 min 即可完成，且仅需粉碎机、试剂和 550 nm 波长的分光光度计即可实现，实验员也只需简单培训便可掌握操作方法，目前已广泛应用于谷物类饲料的蛋白质测定。该法需与其他方法的测定结果进行校准。

(四)纤维

方法决定结果，因此，纤维测定多选用“经典”方法，偏离分析协议将导致不同的结果。Midkiff (1984)概述了 CF 测定方法的发展过程。Cherney(2000)对源于 19 世纪的 Weende 饲料近似成分分析体系和源于 20 世纪 60 年代的 Van Soest 体系进行了对比，认为不宜在饲料评价系统使用 CF、无氮浸出物(NFE)和乙醚浸出物(EE),因这些物质不易完全消化,且很难分离。Van Soest 系统可有效测定重要的营养参数(如结构性碳水化合物),目前广泛用于草料分析。

此后部分学者对原始的手工操作方法进行了修订,Uden(1998)描述了一个基于烘箱的简单方法。Pell 改良了微量 NDF 法,Schofield(1993)还做了其他方面的调整,以便能检测微量样品(10～50 mg)里的 NDF。Moore 和 Hatfield(1994)全面回顾了涉及反刍和单胃动物的结构和非结构性碳水化合物的组成及分析方法。Mertens(1997)认为,用于各种类型饲料纤维测定的惟一方法是国家牧草测试协会所推荐的方法。

淀粉及 NDF 的分离较难,且在持续 30 min 的 NDF 提取和过滤过程需使用 α-淀粉酶(西格玛产品 A3306)进行预处理。复杂样品可能还需使用 8M 尿素滤去消化不完全的淀粉,这也比较困难。纤维分析中的误差可能是源于坩埚使用年限过长,或因温度过高、升温速度过快、马福炉冷却而发生损坏。

提取 NDF 和 ADF 需使用 Fibretec(Tecator、Hoebganaes,瑞典)及 ANKOM 科技有限公司的纤维分析仪(Fairport,纽约,美国)。使用 Fibretec 和 Fibre Analyzer 分析的 ADF 分析数据多可比较。我们的试验显示,Fibre Analyzer 更利于测定含淀粉饲料中的 NDF,因其可有效除去淀粉(未发表)。

(五)淀粉

淀粉包括直链和支链淀粉。直链淀粉聚合物由 2 000 个葡萄糖单位通过线性 1,4-糖苷键连接;支链淀粉是一个高度支化的聚合物,载有 2 000 个～22.0 万个葡萄糖单位,由 1,4-和 1,6-糖苷键连接。故正确的抽提技术对于淀粉分析至关重要。

在萃取和水解之前,首先将样品用 80%酒精进行预处理,以除去小分子糖,接着是糊化和溶解过程,淀粉能否完全酶解和达到终点是测定的关键。McCleary(1994,1997)开展的涉及的 29 个实验室的环评试验结果显示,Megazyme 酶试剂盒对于谷物类饲料及部分配和饲料中全淀粉含量的测定分析一致性较好,该试剂盒已被纳入 AOAC 方法。

淀粉来源决定了直链与支链淀粉的比例。由于淀粉酶的存在,淀粉的消化率与总淀粉含量无关。支链淀粉所占比例及处理方法将影响淀粉的消化性。淀粉快速分析仪可快速测定谷物中的淀粉含量,Wrigley(1999)推测这可能与淀粉的消化率有关,但该结论有待进一步研究。

(六)粗脂肪

植物中的油脂主要包括单、双和酰基甘油、游离脂肪酸及磷脂。饲料中的油脂还包括动物性脂肪及其他副产品。加工过程、高温或储存方式、氧化、不饱和脂肪酸含量等均会影响 EE 的测定结果，但不影响营养价值。Midkiff(1984)阐述了 EE 测定的发展过程和样品类型的影响。

EE 的测定方法比较经典，关键在于对操作细节的把握。目前已有的几种官方方法均基于溶剂提取，有或无水解过程。依据欧盟的程序 A，用石油醚（40～60℃）抽取、根据干燥的残渣计算 EE。欧盟的程序 B，包括酸解过程。样品首先用石油醚（40～60℃）提取（程序 A），再进行酸解，再用石油醚（40～60℃）重新提取（程序 B）。这样可将酸化过滤过程的损失降到最低，但可能发生脂肪保护，如生成脂肪酸钙和脂肪酸镁。

若饲料中有奶制品，程序 A 和 B 则不再适用，需使用 Rose-Gottlieb 法，通过碱性预处理，将蛋白质（ISO 1211：1984）包被的脂质释放出来。同样，罐装狗粮在水解后也需要一系列的溶剂萃取。

用乙醚代替石油醚浸提，可能会因样品或溶剂中的水分不能完全除去，另外，尿素和糖等化合物易溶于乙醚且含有少量水，最终导致结果偏高。

溶剂提取时，溶剂通过冷却回收。基于此，开发出了各种提取器。Soxflo 仪器既不需加热，也不需冷却水及干燥。样品装入柱子，慢慢通过提取剂萃取。用 Soxflo 和 Soxhlet 两种方法所测 EE 结果之间高度一致。若省略样品干燥和装包过程，Soxhlet 法测定 EE 将在 60～90 min 内完成，且所得数据良好、可靠。

（七）副产品：单宁

植物副产品种类很多，这里只讨论单宁的检测。因单宁对营养的影响一直比较模糊，分析手段不当，所得数据常被误解。但关于霉菌毒素及其他污染物或影响饲料营养成分物质的分析方法均需制定。

单宁是一类结构复杂的酚类化合物，分子质量 500～28 000 Da。部分易被水剂萃取，其他可通过与纤维或蛋白沉淀的方法来测定。根据结构可分为缩合单宁（CT）和水解单宁（HT），部分 CT 较易氧化降解，而部分 HT 却能抵制水解，易造成误解。

单宁可致动物死亡，也可提高其生长速度。关于单宁的研究较多，但涉及动物生产性能和单宁结构之间关系的报道较少。因比色法测定单宁不足以分开 CT 和 HT，故不能支持该方向的研究（Lowry 等，1996）。

常规试剂会根据包括单宁在内的酚类化合物的不同，呈现不同反应颜色。而酚类化合物常以混合物形式存在，定量较难，除非使用单独的标准检测。Graham

(1992),Waterman 和 Mole(1994)描述了比色法测定 CT 和 HT 的全过程。

Porter 等(1986)推荐修正的正丁醇-盐酸测定法,该法可有效定性测定 CT,但尚待量化,且只适用于单宁,且单宁结构对颜色深浅的影响较大。最近酸化的 4-二甲氨基肉桂醛(DMACA-HCl)用于 CT 的测定。与香兰素-盐酸测定法相比(常受到水分干扰),该法更加灵敏。DMACA 分析法还可用于薄层色谱(薄层色谱)和组化分析,但仍不能完全去除黄烷醇单体的干扰。

Mueller-Harvey(2001)论述了 HT 的组化法检测,该法可有效检测 HT,但需使用标准品。游离的鞣花酸可用高相液相色谱检测,但鞣花单宁检测比较困难。组化法不能测定鞣花单宁、没食子酸、3,4,5-三羟基苯甲酸类。

培育新型饲用植物时,建议使用其他方法分析单宁,以克服比色法的不足,如镱沉淀法、蛋白质或聚合物结合分析法等。若有设备能测放射性,可用^{125}I 标记牛血清蛋白或^{14}C-聚乙二醇(PEG)等,此法可直接测定饲料样品中的单宁,无须经过预先提取。

镱沉淀法测定的总酚含量与正丁醇-盐酸法的测定结果呈正相关(如单宁、黄酮类、其他酚类化合物)。该法优点在于,其取决于重量,不需标准。有趣的是,每克样品中 PEG 的含量与体外氮消化率高低相关,比比色法更具有意义。与香兰素-盐酸法测定 CT 的交互作用优于正丁醇-盐酸法。

由于比色测定的缺陷,薄层色谱法(TLC)应用并不广泛。Okuda 等(1989)综述了单宁的质谱分析方法。最近,电喷雾质谱(ESI-MS)可用以确定单宁的分子质量,新出现的飞行时间质谱(MALDI-TOF)可成功确定单宁的分子质量及其组成。

四、饲料快速分析技术

(一)免疫测定技术

霉菌毒素对人类和动物的危害较大,饲料中,常与其他有机化合物混杂在一起,可通过仪器(液相色谱、气相色谱、毛细管电泳或生物化学技术)分离。

Skerritt 和 Apples(1995)阐述了酶联免疫吸附试验的基本原则,及该技术的几种不同形式(直接或间接反应、夹心法或竞争反应)。直接法、竞争法及夹心酶联免疫吸附试验,均须用到酶标抗体、反应板、试管等,一般试剂盒均会提供。

黄曲霉毒素、玉米赤霉烯酮及其他霉菌毒素、半边莲属碱、类生物碱类、杀菌剂、多种环境污染物、食品及饲料中维生素的商品化检测试剂盒已有应用。Morgan(1995)回顾了上述 ELISA 技术试剂盒,并列出了供应商的地址。Scheider 等

(1991)还发明了一种检测探针,可同时检测多种真菌毒素。

ELISA法可在权威部门、质量控制和研究性实验室使用,只需培训少数的技术人员,在较小的实验室甚至田间即可操作。低成本、快速,使得ELISA成为储藏谷物检测的有效手段,可迅速知道饲料中混合残留物是否超标。同样也可用来监测饲料是否霉变,若检测阳性,需要用传统方法确认,以确保数据的可靠性。

与标准AOAC法相比,黄曲霉毒素商品化试剂盒有较好的相似度,且可在3 min内定量或半定量测定,当今此类试剂盒有些已被纳入AOAC认证。可为单一复合物或复合物组、母体化合物或代谢产物、同分异构体的检测特别定制ELISA法。Von Holst等(2000)针对目前欧洲严重的疯牛病,评价了商品化ELISA试剂盒对热处理后猪肉和牛肉中病原的检测能力。

注意事项:与其他分析方法一样,ELISA也需仔细评估各个溶剂是否达到分析纯,否则会影响抗体反应。Matthews等(1996)在实验室和田间分别使用商业化试剂盒对三种杀虫剂(orhanophosphorus,OP)进行检测,发现与气相色谱(GC)法的相关性较好(r值在88%～98%之间)。但试剂盒的操作规程有些混乱,改良后的操作步骤,更便于粮食储藏管理员、挤奶工及麦芽制造商使用。此外,抗体的一些交叉反应与相关成分的结构有关,但ELISA仍是粮仓检测OP可靠的方法。

ELISA最常见的缺陷是洗涤不充分、加样不准确、反应和板子温度控制不充分、酶标抗体的降解或酶活下降。样品的问题也较常见,但可与无杂质的标准品及空白相比较,得到检测结果。标准品的回收实验可显示底物的问题。同样,样品的稀释曲线与标准品的校准曲线相比也可得到检测结果,如果斜线不平行,则可能出现基质效应。

购买检测试剂盒时,须考虑以下因素:价格、敏感性、交叉反应、所选成分的适应性、数据的可用性。

(二)近红外光谱分析技术

Deaville和Flinn(2000)撰写了一份简明的近红外光谱分析技术(NIRS)使用手册。Shenk和Weterhaus(1995)详述了NIR波谱的数学处理方法及应用。Givens和Deaville(1999)回顾了NIRS在饲料分析及动物营养上的应用。

与传统技术相比,NIRS的优点:快速,样品几乎不需处理;现场分析,可同时检测多个参数;精密度高;检测成本低;环保,不需试剂,没有化学污染。

NIRS的局限性:适合饲料主要成分分析,但不适用于微量成分;底物特异性强,需要仔细校准机器;对于新手来说,数据的选择和处理较复杂;校准过程耗时,但对于大量的样品分析则比较有价值;仪器价格昂贵。

NIRS 始于 20 世纪 50—60 年代,于 70 年代用于饲料分析,70 年代末已成为谷物中蛋白检测的常规方法。NIRS 的波长从 730～2 500 nm 为红外区,适于定量分析。水分的主要吸收带在 1 940～2 100 nm,C-H 的吸收带为 2 310,1 725,1 400 和 1 210 nm。O-H 吸收带在 2 100 和 1 600 nm 附近,N-H 在 2 180 和 2 055 nm。波谱用反射值倒数的对数表示($\log 1/R$)。饲料中的各成分产生系列叠加带,结果呈平滑的直线,使用 $\log 1/R$ 表示的波谱可有效消除这些重叠的吸收带。

NIRS 数据经数学处理可消除光散射带来的干扰。使用复杂的多样本校准方法,可使大量的代表性样品检测得到与波谱数据相关的“湿法化学”数据。最后,使用独立的一套样品进行校准,样品的监测可减少 NIRS 的分析误差。

NIR 的校准至少需要 50 个样本,但实际上需要更多(＞150 个)。Givens 和 Deaville(1999)指出“NIRS”是一项二次技术,需要用已知成分的样品和标准方法来校准。当标准方法不能较好的确定化学组分时,如 100℃ 干燥不能准确测定水分、6.25×N 含量,也不能准确表示蛋白含量,校准就无法进行。

NIRS 已作为检测 CP、ADF(AOAC 989.03)及水分的官方方法(AOAC 991.01)。也可用来检测淀粉、非淀粉多糖、脂肪、油脂、代谢能等。除此之外,热损伤蛋白、真菌污染和掺假饲料也可用现代软件模拟检测出来。

科学家现在将研究方向聚焦在直接预测动物饲料的功能性质,如提供的营养及可产生的效果(体重增加,牛奶脂肪、蛋白或肉成分变化),这比直接对饲料成分的检测更有益。对 800 份青贮饲料分析后,预测甚至可估计出营养的产出,如乳酸、挥发性脂肪酸和累计产气量。最终目标是找到能使动物有最佳生产力、最好经济效益和最低环境影响的营养配方。

五、小结

本章描述了饲料分析的常规方法,及快速检测技术的最新进展,如纤维(Fibre Analyzer)和脂肪(Soxflo)分析仪,新型酶试剂盒对淀粉的分析,霉菌毒素及其他饲料污染的 ELISA 分析法,近红外光谱分析等。

显然,饲料分析比较困难。实验室间单一成分的分析越来越易标准化,但多成分分析较难。油脂、纤维、淀粉及动物食糜都是饲料的重要组分,充分了解这些成分将有助于测定。

有些项目的检测,实验室间差异较大,几乎无法接受,须制定统一规程以消除实验室间的差异。目前该方面已有较大进展,国际上对环境和食品中的杀虫剂及污染物的检测，已有了 CRMs。但饲料检测，尚未见相应的 CRMs，同时也缺乏成熟的方法。

关于多数抗营养因子（淀粉、单宁、外源凝集素）或其前体的结构与功能关系不明确，使得至今尚无无特异的检测方法推荐给植物育种学家。同样，生物活性物质（如植物雌激素或抗氧化剂）的检测，一旦有益成分确定，植物育种学家将增加植物中的这些成分。

总之，优秀的分析观念可确保检测方法通过验证，CRMs 即可翻译为以“饲料护照”的形式进行饲料生产。由于肉骨粉在牛饲料中使用导致的疯牛病潜在危害、新型转基因大豆使用所致的转基因辩论，使得饲料分析已经变得越来越重要了。

第二章　饲料成分数据的不同及其对动物生产性能的影响

营养学家为了准确满足动物营养需要；饲料生产商为生产出营养平衡的饲料；农场主为了计划牧草产量；政策制定者为了保证农业竞争力与可持续发展，以及农产品安全，均需要了解饲料的营养组成、饲料成分表和数据库能提供这些信息。因此，只要信息够新并可靠，收集这些数据就有价值。但因受多种因素的影响，饲料数值会有差异（内因造成的差异小，外因大），所以不太准确。采用这些不准确的数据，饲料特性会受到影响，从营养、经济和环境方面考虑，均会影响动物生产。

一、引言

为了满足动物营养需要，需要饲料组成的准确信息。当今的市场充满竞争（对质量、效率和环境比较关注），通过平衡的日粮使动物达到高产水平非常迫切，此时准确的饲料组成信息尤为重要。对于按配方混合饲料原料，规模化生产高质量配合饲料，这种信息也是必需的。另外，在制定农场牧草生产计划时，也必须了解原料的特性和营养指标，从而调整农作物生产计划。TOPPS(1989)曾经就此作过全面总结。

从政治方面考虑，准确的饲料组成和营养价值表，给决策部门提供必要的信息，有利于增强农业的竞争力，保障农业可持续发展。

通常描述饲料的信息包括其化学组成和营养成分值，饲料营养成分含量可通过化学分析获得，经常包括以下参数，DM、CP、CF、有机物和脂肪等。一般通过动物试验（体外消化和体内降解等）研究饲料的消化、代谢情况，通过分析营养成分投入和产出的不同，来评对饲料的营养价值。通常以可消化/降解的有机物和可消化/代谢的能量在数据库中进行表示，并用于预测饲料和日粮提供的有效能量。

为提供化学和营养信息，需对饲料进行实验室分析和动物试验研究，数据结果则收入饲料成分表，该法已沿用200余年。此方面首个出版物是Thaer(1809)。近来，为建立饲料成分数据库，数据的收集已编入计算机程序。

第一个可获得的计算机数据库是美国犹他州立大学1963年建立（Harris等，1968）。当今，现代的数据库是强有力的工具，通过它们可快速查阅、分类、打印相关信息。

二、数据来源

农场、饲料生产厂和决策部门均需要了解饲料组成及其营养价值，因此，引入数据库的数据必须可靠和高质量。数据质量首先依赖于信息来源，这些数据有可能来自文献、实验室、其他数据库或动物研究和饲料分析。

（一）文献源数据

文献源饲料信息通常关注数值，而非对饲料进行详细描述（Lecho，1983）。饲料描述不恰当或不充分，就可能混淆其真正来源。例如，出版物中的“黑色谷物提取物”，通常指威士忌酒厂的副产品，但其原料有可能来自大麦（在麦芽提取阶段）或小麦、玉米（在谷物提取阶段），因此真实来源易被忽略，很明显，这两种来源的产品组成有别。所以，应该提供饲料来源信息，仅参考“黑色谷物的提取物”不足以了解该产品的所有信息。在缺乏产品足够的描述信息情况下，为获得“大麦黑色谷物提取物”的蛋白组成，只有采用黑色谷物和小麦/玉米黑色谷物两种样品的蛋白组成平均值，否则就没有意义。因此，文献源数据经常不合适，尤其是当其可能由来源不同饲料的平均值表示时。当文献源饲料来源单一时，其数据即可引用。

（二）实验室数据

编制饲料信息数据库时，采用的数据通常来自不同的实验室，汇编这些数据时，必须得到这些数据分析过程的相关信息。为保证用于创建数据库数据的可靠性，应采用标准分析方法，并以标准单位表达分析结果，如此，数据才具有可比性。

进行体外消化或体内降解研究饲料营养价值时，应注意数据标准化。做动物研究涉及到标准化方法和步骤的采用、动物的数量及种类（绵羊、牛、猪等）的影响以及使用的饲养及数据采集程序的标准化、体内/体外试验结果可能会受到动物个体差异的影响。因此，不管使用何种标准化方法，应不断修正用来采集实验室数据的标准化分析程序，以检验其提供数据的准确性和相关性。为达此目的，有必要对参与的实验室进行环比测试，以评价标准的或最新技术的精密度（Berber，1983；Fisher，1983）。

（三）新旧数据合并

合并新、旧数据库的做法较常见，此时应了解获得所有数据的分析程序，并以共同的基础表达数据，使其具有可比性。分析方法不断演变发展，旧数据的分析法方法可能过时或仍在应用。过去，数据的产生不够精确，这样，直接合并旧、新数据库就不太合适，并会降低整体数据的质量。

(四)专门为建立数据库而生成的数据

专门为建立数据库而获得的数据,包含必要的信息。采用标准、验证过的数据生成方法,用最新的标准方法分析饲料的化学组成,恰当的动物试验设计、动物种类及其生理阶段也是通过研究后确定的,饲养和采集数据的方案也可按照数据库的特殊需要进行调整。这些都是为提高数据质量服务的。

理想情况下,分析饲料组成和通过动物试验研究其营养价值,可建立完整的数据库。此时,可将因分析方法和动物实验方案的不同带来的差异降到最小。另一方面,数据来源单一时,该数据获得的技术与方法的精确性和代表性非常关键。然而,数据库须包括相当数量样品的数值,才能具有代表性。饲料分析的成本较高,尤其是动物试验更加昂贵,所以实际上,专门为建立数据库而开展的饲料分析和动物试验较少。况且,获得数据需要较长的时间,尤其是通过动物试验获得数据。因此,数据通常来自以前的数据库,由数据库管理人员决定纳入哪些信息,从而形成有价值的数据库。

三、数据差异的根源

饲料信息的差异与来源和种类有关。差异可以是"内在的",由饲料间实际存在的差异引起,如饲料的基因或加工过程不同;也可以是"外在的",主要由取样和分析步骤不同引起。

(一)数据的内在差异

每种饲料都有与其他饲料不同的特定化学和营养特性,同样的饲料也可能因栽培品种或地理位置不同而有所差异。同样原料因加工工艺不同,也可影响其产品品质。需要明辨原料的来源,如与麦类有关的原料很多,包括小麦、硬粒小麦、冬小麦、夏小麦、小麦粗粉和麦麸等,所有这些产品和副产品均属麦类,但其化学组成和营养特性差异较大,因此,其动物饲喂效果也不同。

整理数据库时,应确保正确识别饲料的内在差异,以不影响数据的准确性。饲料数据库信息多以平均值的形式得到(或是"整理过的数据")。所以,引入饲料信息必须慎重,以确保数据库有价值。为可靠起见,饲料应准确描述、正确命名,为达到此目的,需要提供饲料的所有有效的信息,包括种类、来源、加工工艺等。

饲料成熟度常被忽略,如玉米的 NDF 和淀粉与其成熟期的相关性较强(图 2-1),植物 DM 含量随着成熟度的提高而提高。在此情况下,把不同成熟阶段的玉米原料简单地描述为饲用玉米就不正确,应显示不同的成熟期。在此基础上,对产品进行分类。

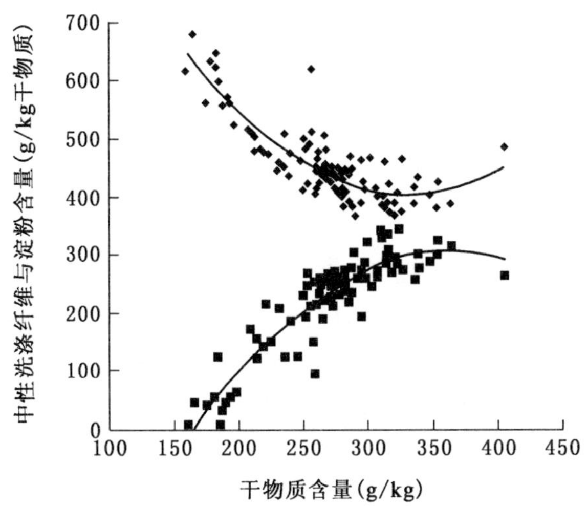

图 2-1　玉米 NDF 和淀粉含量与成熟期阶段的相关性

(摘自 Givens 等,1995)

饲料加工工艺对饲料营养价值也有一定影响,描述饲料数据时,需要知道该产品的加工工艺。如米糠粕至少有两种不同的产品(挤压压榨和抽提压榨米糠粕)需要区分(表 2-1),因其化学组成和营养值不同。与挤压式生产的米糠粕(EE 90.0 g/kg DM)相比,抽提压榨方式生产的米糠粕(EE 7.3 g/kg DM)降低了脂肪的含量,这直接影响代谢能值。很明显,不考虑其加工工艺,直接将两种不同米糠粕的数值进行平均,其数值就会没有任何意义。

表 2-1　抽提压榨与挤压压榨米糠粕营养组成的不同

加工工艺	分析用数据库参数				反刍动物数据库参数		
	平均干物质新鲜基础	CP/g/kg DM	NDF/g/kg DM	EE/g/kg DM	代谢能/MJ/Kg	干物质消化率	有机物消化率
抽提压榨	896	54	450	7.3	7.1	0.48	0.55
挤压压榨	902	128	370	90	10.9	0.63	0.7

又比如农场的干燥加工,干草是通过牧草干燥制成,但干燥过程可能是“太阳晒干”或“库房中晾干”。此“干燥”过程也会影响干草的组成。“太阳晒干”干草的 CP 含量是 99 g/kg DM,而“库房中晾干”干草的 CP 为 122 g/kg DM(MAFF, 1986)。因此数据库中应包含牧草加工过程的有关信息,以保证两种饲料分别对

待，避免数值引用错误。

(二)数据的外在性差异

不同实验室和同一实验室的不同时间、人员，使用的分析步骤均有可能存在不同，从而分析的数值有所差异，若比较不同数据库数值的可比性较差，从而影响数据库的质量。因此，数据库的局限性在于其提供给用户的数据质量、类型密切相关。

不同实验室采用方法的不同是造成数据库中数据的外在差异的原因之一(Barber，1983)。需要根据分析方法将数据分类比较或平均才比较可靠。以木质素的测定为例，Goering 和 Van Soest(1970)应用高锰酸钾法，而 Morrison(1972)应用乙酰溴化物法。这两种方法不仅得到的数值不同，而且表达的单位也不同，所以这两种方法测定数值的平均值表示木质素含量显然不合适，在可能情况下，结合测试方法对数值进行比较修正。最近，Beever 和 Mould(2000)研究表明，来自 9 个实验室对青贮玉米的 CP 和淀粉含量分析值上存在较大差异，青贮玉米 CP 的含量从 57～119 g/kg DM，淀粉含量则从 165～272 g/kg DM 变化。此项研究揭露了应用不同测定方法造成结果不同的事实，其中有些数据利用近红外方法得到。

通过动物体内/体外试验得到的饲料营养值通常也存在差异。动物的种类不同是数据存在差异的原因之一。通常对饲料的营养值按动物分类，但应用“反刍动物”这一定义表达的数据，有可能来自绵羊或牛试验测定的数据，食糜在不同动物消化道中的停留时间和消化速度不同，两种动物对饲料的利用情况也必然存在差异。另外，这种差异多来自同一类动物的不同生理阶段(干奶期和泌乳期奶牛，生长猪和肥育猪)，这种生理阶段的差异会影响动物队饲料的利用，从而影响采集的数据，如果未记录生理阶段，则此类数据的质量也会大打折扣。且应用的饲养标准、粪便收集方案等均会影响数据的准确性。

用体外法测定反刍动物对饲料的降解力受实验室测定方法的影响，Huntington 和 Girens(1995)总结了类似情况。体外法是环比测试的主体，如 Madsen 和 Hvelplund(1994)报道，用体外法分别在 23 个欧洲研究所，测定 5 种饲料蛋白质的降解力。虽然得到的平均值与出版的数值相近，但重复性较差。严格地讲，环比测试需要将制作袋子的材料和冲洗步骤标准化。

依据数据的平均值也是一种差异来源，采用差异较大样品的数量较多，则会导致合并的数据代表性较差。

总之，为了建立高质量的饲料成分和营养值数据库，需要记录饲料的内在差异，清晰列举材料间的差异。如明显不同的饲料不宜被并入和平均，而是单独列举。应控制外在差异到最小。因为，与大量的不同方法分别应用到少量的样品测定结果相比，对于大批样品采用标准方法测定的数据更具代表性和实用性。

四、数据差异性的影响

低质量数据库(外在差异大，内在差异小)，对数据库的终端用户(如动物营养师、饲料生产者、农场管理者和政策制定者)可能有不同的影响。一般来说，数据的质量更易受外在差异影响。

(一)对动物营养师的影响

饲料成分的分析成本高且耗时，通过动物实验得到的营养值尤其费力、费钱。因此，营养师很少去分析用到的各种饲料，一般查阅廉价的数据。

营养师负责设计动物的日粮配方，外在差异较大的数据库中不可靠的信息，首先导致日粮营养不均衡。从营养、环境和经济因素来讲，这些影响高度相关，因为合理应用饲料原料才能有理想的动物产出和经济回报。

1. *营养方面的影响*　今天，通过对动物能量供应的评价，人们开始用饲料的营养信息预测动物生产性能(用复杂的模型)。模型中若引用低质量数据，则会影响对动物生产性能的准确预测。数据库应保持从体外实验获得的营养值数据与通过化学组成预测的数值相分离。

2. *环境方面的影响*　常见的环境影响源于不平衡日粮造成的氮排泄，尤其是反刍动物，氮的供给依赖于微生物蛋白的合成率，并与瘤胃中可利用的碳水化合物和能量有关。因此，当给一种饲料定性时，需要了解其可降解氮的确切含量(和可利用碳水化合物、能量一起)，以提供仅用以动物代谢需要的氮，避免氮排泄到环境中。

表 2-2 给了一个关于反刍动物氮转化效率是如何受日粮氮水平影响的案例。采食氮的差异与草的蛋白水平差异有关。肠道中的氮会转化成牛奶蛋白或通在粪尿流失，氮吸收平衡较大程度上依赖于反刍动物吸收营养的能力。以将近 25%的比例提高氮的采食，使得尿氮流失量增加 80%。因此，不同饲料中氮浓度较小的差异，就会大幅提高向环境中的排泄量。

表 2-2　牛饲喂不同氮水平时的氮平衡　g/d

	氮摄入		氮排泄
	牛奶	粪便	尿
626	107	158	361
494	118	178	198

3.经济方面的影响 以100头牛的群体举例说明，如果每头牛每日饲喂5 kg玉米，玉米代谢能(ME)按10.62 MJ/kg DM(AFRC，1993)计算，则为这群牛供应ME 5 310 MJ/d；若以11.52 MJ/kg DM(MAFF，1986)计算，则供应给这群奶牛的日粮ME达5 760 MJ/d。以200 d为一个阶段，ME供应的差异将达90 000 MJ，相当于8 t饲料的ME。

日粮不平衡还会从动物健康、饲料转化率和畜产品产量等方面带来经济损失。日粮营养不平衡会影响牛奶的产量和质量，直接影响经济效益，此影响在快速生长的家禽表现更为明显。日粮营养平衡的小变化会导致经济效益的巨大改变。

(二)对饲料生产者的影响

混合饲料是由不同的原料和/或原料的副产品组成，设计此类产品时，饲料生产者需要了解不同原料的平衡搭配以满足特定动物在特定生理阶段的需要。为达到此目的，生产者首先需要参考饲料化学组成和营养含量的有效信息。因此，可得到信息的代表性和准确性非常重要，以便于评价原料的经济价值，并与其市场价值相比较，决定经济的配方。

(三)对农场管理者的影响

农场管理者需要计划谷物的生产以满足动物需要，因此首先需要获得所种作物的化学组成和营养特性信息，根据这些信息，计划不同牧草正确的组合和种植量。若信息有误，则生产的庄稼将会提供不平衡的营养(如蛋白过高、碳水化合物过低等)。其直接后果就是动物日粮的不平衡，直接影响产量，或者购买缺少的营养物质来填补空白。

(四)对政策制定者的影响

政策制定者需要可靠的信息以制定国家或地区政策，协调竞争性和可持续性的农业发展。很明显，如果决定基于的信息不准确，政策制定者就不能制定有效的决定。

政策制定者使用低质数据的另外影响与饲料数据的内在差异有关，即与饲料原料的实际差异有关(基因或加工工艺造成的差异)。这些差异可能来自不同国家对饲料的描述和命名有别，从而给饲料贸易、制定和使用出口政策造成麻烦。

饲料的描述和命名的不统一是国家间许多问题的来源，尤其是在欧盟的各成员国之间。历史上，语言和科学的障碍表现在饲料的命名和描述上存在明显的差异。如同样的名字可能针对完全不同的饲料，或同一种饲料可能使用不同的名字。可靠的饲料数据和有效的信息，不仅有助于公平交易，同样有利于通过动物营养研究改善饲料效率、产品质量和环境。不仅如此，也有助于正确应用关税贸易联盟，实现欧盟农业政策。欧盟在饲料命名和描述方面达成共识已采取了较多措施(ENFIC,1996)。

五、小结

饲料差异是由于其基因组成和加工工艺所造成(饲料的内在差异)。因此,饲料的基因组成和加工信息比较重要,应分别记录和保留相关信息。否则,将会造成数据的不恰当平均、归纳,提供无价值信息。另一种数据差异的来源是获取信息的方法(饲料的外在差异),参与的实验室或研究所使用的化学分析程序和动物试验方案可能不同。必须将饲料的内在和外在差异降到最低,才能获得可靠的信息。

为达到一定的可靠性,在纳入到数据库之前,需要仔细地检测饲料数据的化学和营养信息,一旦纳入,需要精心管理。否则,将造成数据库中饲料信息的失误,最终影响动物生产性能和环境效应的预测,降低动物生产的经济效益。

第三章　食用动物的抗生素生长促进剂

围绕抗生素作为食用动物生长促进剂的争论从未间断。动物饲料中低剂量使用抗生素，以期改善产品的质量，目的在于降低肉中脂肪、增加蛋白质含量；控制动物传染性病源，如沙门氏菌（*Salmonella*）、弯曲杆菌（*Campylobacter*）、大肠杆菌（*Escherichia coli*）和肠球菌（*Enterococci*）。任何抗生素的使用均与病原菌的耐药性选择相关，抗生素生长促进剂的应用加强了耐抗生素菌种选择的压力，而这些抗生素可能就是在临床和兽医实践中使用的抗生素。因此，一般采取折中的方法继续使用抗生素。本文考察了抗生素作为生长促进剂的应用情况，并检验了一些替代方法，以期获得优质动物产品。

一、引言

抗生素促生长剂指可在较低的非治疗剂量杀灭或抑制细菌的任何药物。抗生素用作生长促进剂，系随集约化养殖的出现而出现。感染会降低食用动物的产量，用亚治疗剂量的抗生素和抗微生物物质，可有效控制感染的发生，但同时也带来了相应的问题，因抗生素生长促进剂的应用而造成的问题，发达国家比发展中国家更加严重。

NOAH（国家动物健康局）认为，抗生素生长促进剂是用来“帮助生长动物更有效地消化其食物并得到最多的营养，将营养转化成强壮而健康的身体”。虽然抗生素的作用机理尚未清楚，但一般认为抗生素能抑制肠道敏感菌群。据估计，生猪约有6%的日粮净能因肠道中微生物发酵而损失（Jensen，1998）。若能更好地控制肠道微生物菌群，则损失的能量就可能为机体生长所利用。

Thomke 和 Elwingger（1998）认为，免疫反应过程中释放的细胞因子会促进异化作用激素的释放，从而降低肌肉量。因此，抗生素的使用使得肠道感染下降，导致肌肉量的增加。无论其作用机理如何，毫无疑问，生长促进剂可提高日增重（1%～10%），改善肉质，降低脂肪含量，增加蛋白含量。并且，生长促进剂对患病动物和饲养在狭促、不卫生环境下动物的作用更加明显（Prescott 和 Baggot，1993）。

最近，围绕肉用动物饲料中生长促进剂的使用存在着诸多争议。过多应用任何一种抗生素超过一定时期，均会导致体内原有菌群产生耐药性。但也有例外，如化脓性链球菌(*Streptococcus pyogenes*)在60多年的临床应用后,还保持着对盘尼西林的敏感性,但非常少见。毫无疑问,抗微生物化学药物的开发,尤其是治疗人类感染药物的开发,因生长促进剂的使用而变得更加困难了。

这种现象已经在医院发生,免疫缺陷病人和过度应用抗生素为提高敏感菌的耐药性创造了最佳环境。如耐甲氧西林金黄色葡萄球菌(*Methicillin-Resistant Staphylococcus Aureus*, *MRSA*),多数金黄色葡萄球菌(*S. aureus*)可产生青霉素酶(一种β-内酰胺酶),可降解青霉素,因此用青霉素酶稳定的内酰胺类[如甲氧苯青霉素(methicillin)、邻氯青霉素(cloxacillin)、氟氯西林(flucloxacillin)等]治疗由葡萄球菌引起的感染。内酰胺类分子的侧链有特殊结构,可阻止β-内酰胺酶(β-lactamase)与抗生素绑定,表现药物稳定。广泛应用此类抗生素药物,将导致耐β-内酰胺酶的耐甲氧西林金黄色葡萄球菌菌种(*MRSA*)的出现。*MRSA*也具有广谱的抗生素耐药性的决定因子(医院传染协会,2001),对多种常用抗生素具有耐药性,如红霉素(erythromycin)、克林霉素(clindamycin)、四环素(tetracycline)和许多氨基糖苷类(aminoglycosides)等。对严重的全身性的*MRSA*感染,仅有的能用于治疗的抗生素有:糖肽类(glycopeptide),如万古霉素(vancomycin)。1996年以后,又有报道称*MRSA*菌种对万古霉素的敏感性降低(疾病预防控制中心,2001)。更令人担心的是,当vanA基因盒实验性的从糖肽耐药菌肠球菌转移时,*MRSA*能够高水平的表达糖肽的耐药性(Noble,1997)。这种情况一旦发生在实验室外,这将带我们更近一步的靠近后抗生素时代,此时细菌感染将没有抗生素(化学治疗)可以应用。

为避免进入后抗生素时代,全世界的有关机构正在检验我们应用和滥用的抗生素(House of lords,1998;commission of European communities,2001)。多数抗生素(约60%)用于治疗人类的疾病,但用于防止感染抗生素的数量不断增加。继医疗行业后,养殖业是第二大应用抗生素的行业。约40%的抗生素用作为生长促进剂,但抗生素也用于动物的治疗。为减少耐药性菌的出现,必须严格控制抗生素的应用。减少抗生素应用最有效的方面是禁止其在食用动物日粮中作为生长促进剂使用。应重新考虑抗生素作为生长促进剂应用的后果、寻找替代物,目的是减少引起人类和动物疾病细菌耐药性的出现。

二、目前应用的抗生素生长促进剂

关于应用抗生素作为动物生长促进剂,各国存在较大的差异。瑞典现在禁止用抗生素作为生长促进剂;美国抗生素应用比较广泛,包括一些"医用重要"的抗生素。下面的信息来自抗生素耐药性联合专家顾问委员会(JETACAR,1999)关于在食用动物生产中应用抗生素的报告。猪饲料中生长促进剂的应用范围最大。如美国猪饲料中应用内酰胺类抗生素(lactam antibiotics),包括青霉素、林可酰胺类抗生素(lincosamides)和大环内酯类(macrolides),包括红霉素(erythromycin)和四环素(tetracyclines)。所有这些组合中均有用于治疗人类感染的药物。美国生猪养殖中还应用到其他促生长作用的化合物,如:杆菌肽(bacitracin)、默诺霉素(flavophospholipol)、截短侧耳素类(pleuromutilins)、喹噁啉(quinoxalines)、维吉尼亚霉素(virginiamycin)和含砷化合物。美国牛日粮中允许使用的生长促进剂有默诺霉素和维吉尼亚霉素,也作为生长促进剂用于家禽日粮。牛日粮中还用带离子载体类抗生素,如莫能菌素(monensin),作为生长促进剂。家禽日粮中用到含砷化合物。美国动物健康协会(AHI)估算,若不使用促生长抗生素,美国将需要额外的4.52亿只肉鸡、2 300多万头肉牛和1 200多万头的生猪才能达到目前生产的动物产出水平。

澳大利亚也允许生长促进剂的使用。猪饲料中应用:含砷化合物、默诺霉素、大环内酯类(macrolides)、北里霉素(kitasamycin)和泰乐菌素(tylosin)、喹恶啉(quinoxaline)、喹乙醇(olaquindox)、维吉尼亚霉素、链阳霉素(streptogramin)。家禽饲料中应用:含砷化合物、默诺霉素、杆菌肽和维吉尼亚霉素。牛日粮允许使用:离子载体类(ionophores),如拉沙里菌素(lasalocid)、莫能菌素、甲基盐霉素(narasin)和盐霉素(salinomycin),也应用默诺霉素和大环内酯类、竹桃霉素(oleandomycin)。糖肽类阿伏霉素(glycopetide avoparcin)已于1999年12月退出澳大利亚市场,2000年7月1日禁止应用。

生长促进剂在欧盟(EU)受到了更多的限制。低聚糖(Oligosaccharide)的卑霉素(avilamycin)用于猪和家禽日粮,离子载体类抗生素如莫能菌素和盐霉素可用于牛和猪日粮,默诺霉素可用于牛、猪、家禽和兔子日粮。生猪生产方面,抗生素科改善饲料转化效率约2.5%;死亡率与清洁度和菌类增生有关,与不用抗生素生长促进剂的国家(如瑞典)相比,死亡率下降10%~15%。生长促进剂如杆菌肽、维吉尼亚霉素用来控制家禽潜在致命的产气荚膜梭菌(*Clostridium perfringens*)感染,除改善饲料转化效率外,加上因减少产气荚膜芽孢梭菌(*C. perfringens*)感染而得到的经济效益增加1.5%(JTACAR,1999)。

美国养牛业可能是最依靠生长促进剂来满足能量需求的行业:牛的能量需求高,没有生长促进剂很难满足。高能日粮增加肉牛的肌肉生长和脂肪沉积,提高奶牛的奶产量。但含生长促进剂的日粮常伴有其他不良影响,如鼓气和产生乳酸,使动物体力虚弱,甚至致命。这在欧洲并不算什么问题,那里的牛日粮中含有较多的牧草。莫能菌素的应用,可防止这些问题的发生,还会显著降低氨气和甲烷的排放

(Mbanzamihigo 等,1995)。它不属于医用重要的抗生素,且不与任何主要耐药性问题相关。在一项探索长期应用莫能菌素影响的研究中,Roger 等(1997)认为,应用 96～146 d 的莫能菌素,未见真正耐药的瘤胃微生物。

从这个意义上说,考虑到人和动物的健康,以及细菌耐药性问题,莫能菌素可能是一种安全且最有效的抗生素生长促进剂。维吉尼亚霉素的应用也能防止牛和家禽体内乳酸的产生,但会导致具有细菌耐药性选择的发生。又如原始霉素(pristinamycin)和奎奴普丁(quinupristin),这两种药在人药中应用,所以如果继续用于动物生长促进剂会危及人的治疗安全,欧盟已禁饲用(Butaye 等,2000)。

三、人类健康和应用抗生素生长促进剂的结果

人类健康会直接受到肉中抗生素残留的影响,通过选择可能传播给人类病原中的抗生素耐药性决定因子,从而造成副作用或间接影响。已证实具有潜在问题的药物是氯霉素(chloramphenicol)。Gassner 和 Wuethrich(1994)证实肉产品中有氯霉素代谢物存在,并认为肉中抗生素残留与人类可能发生的再生障碍性贫血有关。美国和欧盟在 1994 年,氯霉素在处理伤寒热时还在应用。在畜牧业中过度应用导致了沙门氏菌对这种药物的耐药性的提高,包括引起伤寒菌类的伤寒沙门氏菌(*Salmonella typhi*)耐药性的增加。值得注意的是,抗生素生长促进剂的应用与菌株耐药性之间的直接关系不够明确,在 1994 年禁用后伤寒感染的发生率和治愈率没有明显的变化。例如,1999 年有 153 例伤寒热发生在英格兰和威尔士,1994 年为 227 例,1991 年为 132 例(公共健康实验室,在线)。对于氯霉素耐药性增加的另一解释是其在发展中国家作为非处方药应用,比较便宜且相对容易生产。

总之,与抗生素耐药性的选择与扩大相比,肉中残留抗生素的影响较小。以这种方式选择抗生素耐药性决定因子可有多种路径,并通过它可影响治疗用抗生素,抗药性可能发生在对人类有致病性的微生物中。换言之,耐药性可在动物传染性致病菌种中产生,而后引起人类的疾病。另一方面,耐药性的决定因子可能在菌种间选择,这些菌是饲喂生长促进剂的动物的共生菌群。若耐药性决定因子可转移,就可随后转移给人类或动物病源体。耐药性选择的后果是延长疾病发生时间,加重药物副作用,增加药物毒性及使用剂量,甚至致死,从而导致治疗失败。现代医学提供给我们丰富的抗生素,但像前面提到的 *MRSA* 一样,可替代的抗生素有限。与耐药性相关的 4 种最普通的细菌是沙门氏菌、弯曲菌(*Campylobacter*)、大肠杆菌(*Escherichia coli*)和肠球菌(*Enterococci*),这些菌可能频繁地从动物传播到人类。

(一)沙门氏菌

沙门氏菌是许多人类疾病的元凶。伤寒沙门氏菌(*Salmonella typhi*)是伤寒热潜在致死的主要原因。这种感染由人类引起,通过食物或水中人类的排泄污染物传播,若不治疗死亡率很高。它通过人体携带,主要在不卫生的条件下进行传播,这不属于本文探讨的范围。沙门氏菌属的其他菌种具有动物传染性,一般在被污染的动物源食品中可见,如家禽产品。一般引起胃肠炎,症状从中度腹泻、恶心到严重的呕吐、发热和严重腹泻。多数感染发生在肠道内,但对于处在极端年龄范围内的人们,沙门氏菌会造成入侵性疾病。有些疾病由于严重脱水和内毒素性休克需要进行住院治疗,甚至造成死亡。沙门氏菌病最常见的致病因素是肠道沙门氏菌(*Salmonella enteria var. Enteriditis*)和沙门氏杆菌(*Salmonella enteria var. Typhimurium*),这些病菌常污染家禽和禽蛋。最近研发的控制沙门氏菌(尤其是肠道沙门氏菌)感染的方法,在控制感染率方面非常有效(食品微生物安全咨询委员会,2001)。

沙门氏杆菌通常可用氟喹诺酮(fluoroquinolone)、氯霉素和氨苄青霉素(ampicillin)治疗。但 Molbak 等(1999)报道沙门氏杆菌 DT104 菌株,对氨苄青霉素、四环素和喹诺酮类等多种药物具有抗性。因此治疗由 DT104 造成的感染会较难。

Bonner(1998)报道,1983 年由耐药沙门氏菌引起食物中毒事件与由饲喂金霉素(chlortetracycline)的牛制作的汉堡有关,Spika 等(1987)从牛肉汉堡到畜群追溯到一种耐金霉素沙门氏菌(*Salmonella enteria var. Newport*)。Tacket 等(1985)报道饮用生奶后,耐多种药物的肠道沙门氏菌出现。这些报道起源于北美(North America),但这并不仅是美洲的问题,细菌并不遵守国界。1988 年在英国分离得到沙门氏杆菌(*salmonella enteria var. Typhimurium*)DT104,接着转移到了世界各地。

应用重要的医用药物,如氯霉素和四环素作为生长促进剂,将会是威胁人类健康菌种的耐药性得最为明显的路径,但耐药性的发生比较复杂。JETACAR(1999)报道应用氨基糖类的安普霉素(aminoglycoside apramycin)作为生长促进剂,与分离的牛中沙门氏菌耐药性具有显著的相关,尤其是沙门氏杆菌 DT104。这些菌的氨基糖(aminoglycoside)耐药性是由于获得了 *n*-乙酰基酶(*n*-acetylating enzyme)。这种酶也对庆大霉素(gentamicin),人药中的重要药物,具有耐药性。

科学家相信抗生素生长促进剂通过允许动物在不卫生的环境中生存,会直接有助于沙门氏菌的传播。生长促进剂通过减少病原体的载入为糟糕的卫生起到掩蔽剂作用,因此集约化肉鸡生产应采用较卫生的环境条件;再者肉鸡饲养在限定的空间中,使得任何病原体均能通过群体迅速传播。

(二)弯曲菌

弯曲菌(*Campylobacter*),尤其是空肠弯曲菌(*Campylobacter jejuni*)和大肠杆菌(*Escherichia coli*)是在英国和美国等发达国家的食物中毒最常见的原因。2000 年英国的公共健康实验室报道 53 858 批次排泄物弯曲菌案例、14 844 批次排泄物沙门氏菌案例(公共健康实验室,在线)。由弯曲菌引起的胃肠道疾病,与沙门氏菌感染具有许多相同的临床症状,包括腹泻、呕吐和发烧。常不住院治疗,主要影响那些处在极端年龄段的人群,弯曲菌感染致死的案例较少。

空肠弯曲菌是造成人类弯曲菌感染的最常见的菌种,对许多药物敏感,包括红霉素(erythromycin)、氯霉素、四环素、氨基糖苷类和喹诺酮类(quinolones)。革兰氏阴性菌,在感染治疗中选择的药物是大环内酯类的红霉素,这种药在美国也用于养猪生产。然而,由于弯曲菌在动物健康中相对不太重要,因此关于动物菌种耐药性的全面研究少见。在食品行业中广泛应用大环内酯类药物,因这个家族的抗生素在临床上非常重要。因此,需要研究动物菌种抗生素耐药性决定因子的发生。

如果大环内酯类抗生素生长促进剂具有较小甚或没有作用,那么临床应用氟喹诺酮(fluoroquinolones)就与耐药性的增加有关,世界各地均有氟喹诺酮耐药菌出现。Engberg 等(2001)认为体外大环内脂类和喹诺酮耐药性具有普遍性,对从人类分离到的曲状杆菌属有耐药性趋势,表明在食用动物中应用喹诺酮和人医中的耐药菌之间存在暂时的相关。Endtz 等(1991)报道,家禽上用氟喹诺酮治疗呼吸疾病,导致在被治疗禽的肠道中氟喹诺酮耐药性曲状杆菌属的出现。值得注意的是,药物治疗剂量远远大于用作生长促进的剂量。如此高剂量产生了巨大的选择压力,在曲状杆菌属案例,已出现耐药菌甚至成为优势菌。

(三)大肠杆菌

大肠杆菌在肠道定植,是人类和动物共生的非致病的、革兰氏阴性菌群。然而,也经常造成多种人类感染。致病菌群多与尿道感染有关,但菌群也能引起旅行者的腹泻。这种菌种也经常引起腹部感染,如肠道穿孔或阑尾炎;也是败血病最常见的原因之一;是新生儿脑膜炎的成因,但这种情况比较少见。总之,大肠杆菌有能力在身体的多数地方引起问题。

有些菌种,其中最臭名昭著的应是大肠杆菌 O157,产生 Vero 细胞毒素,并被称为产生 Vero 毒素的大肠杆菌(简称 VTEC)。这些细菌会造成出血性结肠炎(haemorrhagic colitis),约 5% 的病例发展成为溶血性尿毒综合征(haemolytic uraemic syndromc),病例致死率约为 10%。这是造成英国儿童急性臀衰竭(acute renal failur)的主要原因。对于成人,溶血性尿毒综合征的症状常伴随着神经性并发症(neurological complications)。VTEC 菌种的天然温床是牛和其他家畜的胃肠道,因此这些菌种会遭受抗生素生长促进剂的选择压力。

抗生素耐药性的大肠杆菌全球均有分布,如青霉素的作用效果下降(Heritage 等,2001)。LeClerc(1996)通过报道大肠杆菌 O157 的高突变率,警告人类所面临的危险,随后的观察中,他们通过水平基因转移可较容易获得耐药菌的决定因子。抗生素的耐药性产生于病原环境,这可能是耐药性发生的路径之一。即使抗生素生长促进剂没有直接瞄准的菌种,菌种从食用动物肠道微生物中获得耐药性的可能性也存在。基于此,以及由此造成的大量疾病的严重性,当考虑与抗生素促进剂应用风险时,不应忽视大肠杆菌。

(四)肠球菌

肠球菌,如粪肠球菌(*Enterococcus faecalis*),因其致病性甚至引起死亡,日益受到关注,尤其是一些医院里病情严重的病人。和上述讨论的细菌不同,肠球菌类是革兰氏阳性菌,对多数促生长剂敏感。诊疗阶段抗生素的过量应用,已导致耐药性菌的选择,包括对万古霉素(vancomycin)有抗药性的肠球菌类。这些隔离菌群对所有传统的抗菌剂治疗均有抗药性。万古霉素抗药性肠球菌类,20 世纪 80 年代中期首先在欧洲分离出来,并很快传播到美国。Eolmond 等(1996)发现由万古霉素抗药性肠球菌类引起的血液传播类感染,已导致对阿莫西林(amoxycillin)和万古霉素敏感的肠类菌类的双倍死亡率。

应用抗生素促生长剂[尤其是阿伏霉素(avoparcin)],已导致万古霉素抗药性肠球菌的出现。发现在肠球菌引起的抗药性对糖肽和 vangenes 两种药也有抗药性。应用阿伏霉素作为促生长剂提高了动物抗药性的选择压力。抗药菌可能克隆到人类,这些抗药菌有致病菌的风险,在常驻宿主或传播到其他的易感宿主(如免疫缺陷性病人)。生物体以肉为载体,通过肠道等可移动的遗传元素,包括转变子和质粒将抗药性基因转移到常驻微生物群。

虽然阿伏霉素不用于人医,但其相似药物,万古霉素和 teicoplamin 在应用。Khachatourians(1998)从丹麦和德国分离的万古霉素抗药菌对阿伏霉素有交叉抗药性,说明阿伏霉素抗药性细菌对人类有潜在的危险。Pas 等(1997)研究表明潜在的威胁可能真的存在,一个货车司机在肉鸡加工厂工作时遭受了股骨的混合性骨折,受伤部分随后发展成局部感染,化验表明产生了变形虫 sp 和粪肠球菌。变形虫对病人所用的药头孢呋辛(cefuroxime)敏感。接下来的标本化验显示了纯种的万古霉素抗药性肠球菌类的培养菌。这种细菌的抗药性是由 vanA 盒子传播。从工厂的操作台表面和鸡肉采取了 21 个样品,其中 8 个万古霉素抗药性肠球菌携带 vanA 盒子。病人没有在粪便中携带万古霉素耐药肠球菌(*Vancomycin-resist-*

ant enterococci)，没有住院或在最初没有使用抗生素治疗。结论是病人可能是在工厂受到感染，若此属实，则表明把万古霉素作为动物生长促进剂可能会潜在威胁人类的健康。

随着从禽类、猪和人体分离得到耐万古霉素的肠球菌的分子基因分析，McDonald 等(1997)发现了在家畜和人类之间有耐药性糖肽 Tn1546 转移因子编码的证据。Vanden Bogaard 等(1997)应用类似的分析检验了火鸡排泄物中的耐万古霉素的(vancomycin-resistant)粪肠球菌及相关培养物。对 vanA 和其他盒的 PCR 分析，和 RH 法与脉冲电场凝胶电泳法的研究表明，动物和人类的菌种有相似性。然而该研究的批评者指出，没有农场主被这种菌感染的证据，且该事件缺乏重复性。对阿伏霉素耐药性影响的问题很难估计，但许多研究汇总的证据表明，通过应用阿伏霉素作为生长促进剂，存在理论的糖肽耐药性选择的风险，且通过这种方式选择的耐药菌随后会威胁人类的健康。

因为存在未知的风险，欧盟委员会(European Commission)禁止应用阿伏霉素作为生长促进剂。Del Grosso 等(2000)发现，禁用后在肉类产品污染物中的肠球菌的万古霉素耐药性下降了。禽类的这种下降明显(18.8%降至 9.6%)，但猪肉产品下降不明显(9.7%降至 6.9%)，可得出结论阿伏霉素的禁用已成功地降低了肉产品中的肠球菌污染。

当今人们还在争论抗生素生长促进剂引起的耐药性是否会转移到人类，或抗生素生长促进剂是否会对人类健康的威胁。反对者说目前没有证据表明这种威胁的存在，因为方法的不全面，缺乏重现性和数据缺乏可比性。批评者也指出，人医中抗生素应用的最大威胁是在治疗已感染的人群中继续应用这些药剂。然而，不可否认事实是抗生素增加耐药性，抗生素生长促进剂是一种可能的选择剂。由于存在可能的治疗风险，欧盟委员会不再允许“医用重要”的抗生素用作生长促进剂。然而，这需要全球的努力，像 Fidler(1996)指出的，细菌不会遵守国界。

在 20 世纪 70 年代的早期，英国禁止应用四环素和青霉素作为生长促进剂，促进欧洲其他国家在随后也采取同样的措施。70 年代中期，FDA(食品药品管理局)在美国提出一项类似的禁用要求，但国会干涉并要求 FDA 在开始禁用前做更多的研究。现在，欧盟委员会、世界卫生组织、疾病控制中心和美国公共健康协会都支持立即禁止那些与人类应用的抗生素相同或关系密切的抗生素作为生长促进剂使用。在 1999 年 3 月，公共利益科学中心(Center For Science in the Public Interest)、环境保护基金(Environmental Defence Fund)和其他请愿组织要求 FDA 禁止以生长促进为目的的 6 种在人药中应用的或与这些药物相关的抗生素的饲用，包括青霉素、四环素、红霉素、林可霉素(lincomycin)、泰乐菌素和维吉尼亚霉素。

FDA 最近成立了一个工作组(FDA,2001)来解决农业中应用抗生素的问题,但许多政治家对此消极。FDA 提出了一个评估抗生素对人类健康的风险项目,并对文件框架简单的做了计划安排,文件本身未采取任何法律形式,但仍然遭到许多影响它成功实施的负面评论,批评集中于缺乏证据。

四、抗生素生长促进剂的替代品

考虑到停止或禁止抗生素生长促进剂的使用,需要评价替代品的质量,包括市场上成熟的或那些可违法获得的添加剂。从本质上讲,减少动物日粮对抗生素的依赖性,有两种主要的方式。一种明显的选择是研发抗生素替代品,通过相似的作用机理,提高饲料利用效率、同时促进动物生长;另一较困难的途径是提高动物的健康状况。生长促进剂在动物健康状况较差或环境卫生条件较差时,具有更好的效果。若改善动物的生活环境、降低饲养密度、引进控制感染疾病技术,可减少对生长促进剂的依赖。

(一)饲料酶制剂

酶制剂一般添加到猪和家禽饲料中,帮助降解一些动物消化困难的特定饲料成分,如葡聚糖、蛋白和植酸盐等。一般由真菌和细菌发酵生产,对动物只有积极的作用。然而一些伦理学家认为给动物饲喂酶,表明我们仅仅认为它们是“动物工厂”。抛开伦理的反对,饲料酶制剂对饲料转化效率的最大化非常有效且少有缺陷。因此,现在的研究集中于改善现有酶的品质,同时扩大其消化降解饲料成分的范围。动物营养科学委员会(2001)认为,截至目前关于酶制剂,消费者、使用者和动物评价条件均可接受。

(二)竞争性排斥剂

竞争性排斥剂是由多种“有益”菌组成的饲用微生物。其作用机理是“有益”微生物抢占肠道,阻止了潜在病原与肠道结合及造的感染,这是竞争性排斥的基本原理。此类产品常用于新生动物,尤其是家禽,以抢占肠道防止沙门氏菌(*Salmonella*)和弯曲菌(*Campylobacter*)感染。目前尚不知其具体作用机理,但表现为减少腹泻和降低死亡率。此类产品也应用于抗生素治疗过的动物日粮,重新占领由于药物的抗微生物作用而致菌群数量降低的肠道。

(三)益生菌

益生菌类似于竞争性排斥剂,可通过改善动物肠道内菌落的平衡,从而改善动物健康状况。尽管理论假说能将其作用概括为 3 种方式,但尚未得到确认。第一种说法是竞争性排斥原理:通过抢占肠道,益生菌排斥病原菌并防止其造成感染;

第二种可能是作为免疫系统促进剂，免疫系统对益生菌产生应答，通过白细胞增加监视有害菌，这样潜在地清除病原；第三种假说是益生素可刺激肠道代谢活动，如增加维生素 B_{12} 细菌素和丙酸的产量。还有一些机理，但均需证实。

益生菌的主要问题在于，缺乏作用机理及影响宿主动物的证据。Shahani 等(1983)研究表明饲喂发酵的初乳可抑制老鼠的实验性肿瘤的生长，但仅限于肿瘤开始生长前。Kato 等(1985)证实腹腔内干酪乳杆菌(*Lactobacillus casei*)会抑制肿瘤生长，表明干酪乳杆菌具有类似卡介苗(BCG)等免疫增强剂的特性：事实上，它促进了肿瘤免疫和免疫应答。但养殖未能重复这些试验，且生产中多数的益生菌不能直接饲用，已经发现一些有害菌种：Sharpe 等(1973)发现干酪乳杆菌干酪亚种 (*L. casei subsp*)、鼠李糖乳杆菌(*Rhamnosus*)能在宿主动物体内形成心内膜炎(endocarditis)或脓肿(Abscesses)。

研究表明益生素可作为免疫增强剂应用，但尚有一些待解答的问题：作用明显的菌种是什么菌？它是否存在潜在的致病性？最大剂量是多少？什么时间、怎样投入应用？最为简便的选择是饲料投入系统。

实际生产中益生菌有其效果，新生动物或应用过抗生素的动物的的饲喂更加明显，此时与竞争性排斥剂具有类似作用；益生素也能提高增重、改善饲料效率。抗生素生长促进剂的改善动物生产性能作用以得到证明，但益生菌的作用尚存未证明之处：确实有强而有利的科学团体的支持，但同时也存在着较多的批评者。已被证明的益生菌的良好作用，几乎都是在限定实验条件下获得的。只有小部分设计周详、双盲测试的对照实验支持益生菌可改善健康。

应用活菌种带来的另外一个问题是，在抗生素耐药性和隐藏的致病因素方面存在着潜在的危险。澳大利亚政府考虑就益生菌立法，准备要求监控与每种抗微生物作用菌种相关联的耐药质粒和耐药模式，并作为注册程序的一部分。最近，动物营养科学委员会(2001)的一项报告提到安全益生菌产品中发现的两个主要菌种：乳酸片球菌(*Pediococcus acidilactici*)和胚芽乳杆菌(*Lactobacillus plantarum*)对四环素具有耐药性，耐药性被经常位于高度转移基因成分上的 tet(s)基因。因为可能会在动物菌群、食物链和环境中传播四环素耐药性基因，当在动物营养中应用此类产品时会存在风险。

(四)控制感染的方法

应用抗生素作为生长促进剂是基于其在生长动物中所起到的抗感染作用，同样许多替代品可间接用于控制感染。但是，在农场上应用何种方法直接控制感染呢？澳大利亚生猪养殖行业倡导"全进全出"的生产方式。这是一个新的系统，用以代替猪在农场中持续流动的老的生产方式。根据年龄分类,所有在同一个周内断奶的猪单独组群、放在指定区域一起饲养,不与其他群的猪混杂,这样就避免了不同群之间的交叉感染。母猪是一个很重要的病源,采用"早期隔离断奶",仔猪将较少地与母体病原接触,但必须精心照料早期断奶仔猪,以防止产生动物福利问题。

"无特定病原"体系可用于防止生猪生病,这些疾病(尤其是呼吸疾病)需要抗生素治疗。为实现此目的,仔猪以子宫切除术的方式分娩、人工饲喂,此操作仅用于有价值的种用动物。针对特定病原进行免疫保护,例如产肠毒素的大肠杆菌和多种支原体(Mycoplasma)感染。该体系的主要障碍是成本问题。澳大利亚许多农场较大,可以负担得起该体系得成本;而多数英国农场已开始采用控制感染的饲喂体系,尤其是"全进全出"的饲养方式。

瑞典模式。瑞典在 1985 年提出采用适当的代替物替代抗生素,当时议会通过饲料法规禁止应用抗生素作为生长促进剂。牛、火鸡和育肥猪没有因为禁用而受到较大影响,只是生长率轻微下降、死亡率没有较大增加。建立的新的肉鸡饲喂和饲养方式,经过禽坏死性肠炎(Necrotic Enteritis, NE)暴发事件后起初的"不稳定"阶段后,被认为是成功的。动物福利组织也认为该饲养方式可取。但断奶仔猪的新饲养方式未取得同样的成功。JETACARA(1999)报道在增加清洁冲洗工作的同时,死亡率增加了 1.5%(约 4 万头)。此外,体重达 25 kg 的时间延长 5~6 d。饲养卫生条件得到改善,分割圈舍以减少疾病的传播,引进"全进全出"方式,并对日粮进行调整。结果抗生素的应用在 1993 年减少了 50%,在接下来的每一年都进一步地减少。在 1995—1996 年间,仅 11%的断奶仔猪日粮中添加抗生素。

禁用刺激了新思想和技术,在没有抗生素生长促进剂的条件下成功的实现了农业生产目标。另外,动物福利全面改善。瑞典的经验表明,若改善动物的生存条件、饲养方式和饲料,抗生素并非生产健康动物所必需。这确实需要一定的成本:尽管在动物福利方面得到全面改善,禁用可能会直接造成千的生猪和肉鸡死去。瑞典生产的产品在市场上会比较贵,且缺乏市场竞争力,成本风险较大。这或许会受到争论,然而,采用瑞典模式所遇到的问题已经由实践的成果证明是可解决的。瑞典的方式表明,在世界的其他地方,不应用抗生素作为生长促进剂,也可能拥有现代畜牧业。

五、小结

抗生素生长促进剂最好的替代品会普遍改善食用品动物的环境条件，如瑞典模式。必须立即禁止医学重要的抗生素作为促进生长剂使用，但改革是缓慢的且要付出巨大的代价，如瑞典。为开始整个行业的改革，必须转变对应用抗生素作为生长促进剂的态度和认识。继续应用人用抗生素的最大威胁是耐药性问题，是一个影响到人类健康的问题。若由于治疗过量应用抗生素或其他原因造成耐药菌的选择，它可能导致医用抗生素的治疗失败。

第四章　体外产气法评定饲料原料营养品质的研究进展

全年饲料供应数量不足和质量不稳定是限制发展中国家畜牧业生产的主要因素。为家畜提供充足的优质饲料，使之维持并提高生产率，是世界各国的决策者和农业科学家们当前和今后面临的一项巨大挑战。世界经济快速增长，以及人口增加将导致畜产品的需求量增加，据估计，在未来 20 年中，肉和奶的需求均将增加30%左右。同时，对也会增加对粮食作物的需求。人们期望未来能通过提高那些人类不能食用、但能作为家畜饲料的非常规资源的利用效率，以饲养大量家畜并保障其饲料安全。此外，世界上大面积的土地退化、贫瘠甚至荒芜，且该数量每年都在增加。这不仅要求鉴别和引入在贫瘠土壤中能够生长的未知植物，还要求这些植物除提供食物和饲料外，还能控制土壤侵蚀。在发展中国家，主要饲喂家畜的是农业和工业的副产品，其中相当大部分为木质纤维素饲料，像禾本科茎秆、秸秆、甘蔗副产品及类似的其他饲料。但这些饲料的蛋白质、能量、矿物质和维生素含量较低。通过给饲料中补充落叶、子粕或尿素，为瘤胃微生物提供氮源能改善低品质粗饲料的利用率。实用简便的评定这些饲料的营养品质将有助于提高其利用效率。

反刍家畜的奶产量和生长状况主要受限于草料的质量，表现为较低的采食量和消化率。人们很早就认识到了这些因素对动物营养的重要性，原来测定营养物质在体内的消化吸收，需要在实验室内完成，不仅费时费钱，而且需要大量原料，不适合大规模的饲料评定。因此，人们通过努力，企图利用实验室技术预测饲料的采食量和消化率。大部分工作偏向于通过回归方程式，由草料的化学组成来预计其消化率，但尚未能得到令人满意的能预计大量不同草料的回归方程。

运用体外瘤胃发酵技术评定常规和非常规饲料原料的营养品质，能对那些在瘤胃中具有较高微生物蛋白合成效率、高干物质消化率的饲料及其组分进行选择，并为建立合适的饲喂体系提供基础，以保证微生物细胞摄入足量的底物，从而增加供给到肠道蛋白质的量，减少反刍动物甲烷产量。该技术为研究不同植物的活性基团或合成物对发酵气体、短链脂肪酸和微生物的营养分配所产生的有益或有害作用提供了简便的方法。

一、饲料原料的评估

有关日粮平衡的研究进展包括控制饲料，增加转运到小肠的蛋白质、能量的数量和质量。基于瘤胃较高的微生物蛋白合成效率、较高的 DM 含量，选择富含纤维的饲料、制订合适的饲喂方案将会提高过瘤胃蛋白的供给。饲料评定指标除 DM 消化率等常规指标外，还包括微生物蛋白合成的效率。发展中国家的多数饲喂制度中，普遍问题是供给的过瘤胃蛋白有限，是限制动物生产性发挥的一个重要因素。

利用微生物标记测定瘤胃微生物蛋白净合成的方法较多，均要求利用瘤胃瘘管动物测定食糜。瘘管方法不仅操作繁琐，而且以目前一些发展中国家的研究条件来看，实施起来还存在限制性。因而产生了一种简便的通过测定尿液嘌呤衍生物含量来测定微生物蛋白供给肠道的方法。FAO/IAEA 联合合作研究计划深入探讨了这种测定方法，尽管该方法基于收集尿液，测定嘌呤衍生物（牛的尿囊素和尿酸，绵羊的尿囊素、尿酸、黄嘌呤和次黄嘌呤），但仍需要调查动物饲喂的日粮，不适于大量检测样本，因此，不适于制定多种饲粮的补给方法。

(一)几种体外测定方法

实验室内预测饲料降解率的方法对于反刍动物营养极其重要。有效的实验室方法应与体内实际测定的参数吻合，且试验重复性好。体外测定法不仅省时省钱，而且在控制试验条件方面比动物试验更为精确。目前主要有 3 种生物消化技术可用于测定反刍动物饲料的营养价值：第一种是 Tilley 和 Terry 使用瘤胃微生物消化技术或称气体法；第二种是在瘤胃中使用瘤胃尼龙袋技术；第三种是无细胞真菌纤维素酶。因微生物和酶对于影响消化速率和消化程度的因子更为敏感，故这些生物方法比化学方法更有意义。尼龙袋技术用以估计饲料组分的消失速率和程度，已使用了较长时间。当瘤胃内颗粒通过速率由协同作用时，该技术有效估计饲料的消失速率和饲料组分在瘤胃内潜在降解力。该方法的缺点在于一次只能评定数种饲料样品，且需要至少 3 只瘘管动物，以减少动物带来的差异；且费力，要求样本量大。因此，对于在实验室中进行大样本常规检测的意义不大。在早期消化过程中少量损失就能导致最终数据的严重错误，会使得试验结果扭曲。

由于 Tilley 和 Terry 法简单方便而被广泛使用，特别是需要大量测定饲料时常选择该法。该法可用于多种牧草的实验室评定，分两个阶段，首先饲料在含有瘤胃液的缓冲液中发酵 48 h，接着在含胃蛋白酶的酸性液中消化 48 h。Goering 和 Van Soest 在 1977 年改进了该法，用中性洗涤剂处理经 48 h 发酵后的残留物来评定真正的 DM 消化率。尽管 Tilley 和 Terry 法已经体内数值验证，但该法仍然存在缺点。该法系终点法测定(只有一个观测值),因此,除非进行长期的、密集的研究,否则就无法为饲料消化提供动力学资料;残留物测定破坏了样本,需要大量重复。因而这种方法较难用于组织培养样品或细胞壁成分等物质的测定。

另外,Tilley 和 Terry 法和尼龙袋法均基于残留检测,富含单宁的饲料可能会得出 DM 消化率过高的结论,因为在这两个系统中单宁都处于溶解态;但当其为不可溶状态时,对动物营养供给不起作用。

(二)体外产气法的产生及在发酵动力学方面的应用

气体测量法已广泛用于评定饲料营养价值。由于粗饲料的利用率成为近年来人们深感兴趣的课题,这种方法在研究发酵动力学方面具有优势,所以被越来越多的研究采用。气体测定为饲料中可溶和不可溶的成分提供了消化动力学的有用资料。少数研究同时使用气体测量方法和体外产气法。Getachew 等讨论了此法的优点和缺点。其他的体外方法,如 Tilley 和 Terry 法和尼龙袋法基于测定底物(可能利于发酵或无益于发酵)消化后的残渣重,而气体法重点分析发酵物,可溶但不可发酵的底物对气体产量无贡献。在气体法中单个样本即可研究发酵动力学,因此样本量需要较少,且大量样本也能一次测量完毕。与尼龙袋法相比,体外产气法能更有效地评定单宁和其他抗营养因子的作用。在尼龙袋法中,这些因子从尼龙袋中释放出来后,在瘤胃中被稀释,但不能在瘤胃中发酵;而体外产气法能够更好的监测营养物质与抗营养物质之间,及抗营养物质之间的相互作用。

简单的体外法方便、快捷,能一次处理大量样本。该法能测定底物降解量或使用内外标记测定产生的微生物蛋白量,以及在体外瘤胃发酵系统产生的气体或短链脂肪酸(SCFA)的量。该法无需复杂的仪器和大量的试验动物(但必须有 1 或 2 只瘘管动物),不仅基于 DM 消化率,还包括微生物蛋白合成效率,这有助于选择饲料或饲料组合。

Menke 等的方法中,100 mL 容量瓶中装有 200 mg 饲料 DM 和缓冲瘤胃液,底物其中发酵,孵育 24 h,产生的气体和其他化学物质,用于体外测定有机物消化率和代谢能。

对于粗饲料,关系式为:

$$ME(\text{MJ/kg DM}) = 2.20+0.136\text{Gp}+0.057\text{CP},\ R_2=0.92$$

$$OMD(\text{percent}) = 14.88+0.889\text{Gp}+0.45\text{CP}+0.065\ 1\text{XA},\ R_2=0.92$$

式中:*ME* 为消化能;DM 为干物质,*OMD* 为有机物消化率;CP 为粗蛋白;XA 表示为粗灰分;Gp 表示为通过 Hohenhein 标准校正瘤胃液每日的活性变化,200 mg DM 孵育 24 h 后产生的净气体。

Aiple 等比较了三种实验室方法（酶法、粗养分法和气体测定法）预测饲料净能（据体内消化率用公式估计）的准确性，发现气体法在预测饲料净能方面优于其他的两种方法。

Blummenl 和 Orskov 改进了 Menke 等的方法，他们把饲料放在恒温控制水浴，而在非恒温箱中放置转杯。Makkar 等和 Blummenl 等进一步改进了该法，他们把样品的数量从 200 mg 增加到 500 mg，缓冲液的量增加了 2 倍，这样培养液的总体积就从 Menke 法的 30 mL 达到了改进后的 40 mL。在 30 mL 体系里，当气体体积超过 90 mL 时，由于培养基中缓冲液的损耗，底物数量和产气量的线性关系将不存在；在 40 mL 体系中，当气体体积超过 130 mL 时，这种线性关系才会消失。缓冲液的损耗降低了培养基的 pH 值，结果阻止了发酵。使用 30 mL 或 40 mL 体系时，产气量超过 90 mL 或 130 mL 后，就需要减少孵育的饲料量。

方法改进后（40 mL 体系和水浴孵育）的主要优点是：

（1）在水浴的孵育瓶中记录气体读数期间，温度仅有微小变化，这对于必须在各个时间间隔记录气体产量，研究发酵动力学十分有利。

（2）水浴的水有较高的温度保持能力，排除了孵育过程中剧烈的温度变化，除非电源故障导致短时间温度下降。

（3）样品量从 200 mg 增加到 500 mg，减少了与微量测定相关的，需要在体外共同测定的固有误差，得到更真实的消化率。

在体外，当一种饲料与缓冲瘤胃液共同孵育时，碳水化合物发酵产生 SCFA、各种气体和微生物细胞。气体主要是碳水化合物发酵产生的乙酸、丙酸和丁酸；与碳水化合物发酵产生的气体相比，蛋白质发酵产生的气体量较少；脂肪发酵产生的气体可忽略不计。当 200 mg 可可油、棕榈仁油和/或豆油孵育时，只有 2.0～2.8 mL气体产生；200 mg 酪蛋白和纤维素发酵产生的气体约为 23.4 mL 和 80 mL。

气体法中产生的气体直接来源是发酵，间接气体产生来自于 SCFA 的缓冲性。对于粗饲料，当使用磷酸氢盐缓冲液时，总气体含量约 50%来自于 SCFA 的缓冲性，其余直接来自发酵。在 SCFA 中低浓度的丙酸条件下，缓冲液中产生的 CO_2 占总气体的 60%。发酵产生的每毫摩尔 SCFA 从缓冲瘤胃液中释放 0.8～1.0 mmol CO_2，具体取决于磷酸缓冲液的数量。SCFA 和气体产量之间存在高度相关性。

气体主要来自底物发酵产生的乙酸和丁酸。底物发酵为丙酸时，产生的气体仅来自酸的缓冲性，故少量的气体产生与丙酸生成有关。丙酸生成释放的气体是惟一的来自缓冲的间接气体。不同 SCFA 产生的低含量丙酸取决于底物类型。

因此，乙酸和丙酸的比率常用于评定底物的差别。可发酵碳水化合物快速产生的丙酸量比乙酸高，当可发酵碳水化合物慢速孵育时，所得到的结果相反。据报道，饲喂高精料日粮牛的瘤胃液中发现了大量丙酸，进一步导致的乙酸/丙酸比率低。与饲料发酵产生高比例的丙酸相比，若饲料发酵产生高比例的乙酸，将会伴随气体产量增加。换句话说，SCFA 构成的比例变化能反映气体产量的变化。

秸秆作为广泛的饲料来源，常用饲喂奶牛，其蛋白和脂肪含量变异较大，缓冲瘤胃液中添加和不添加聚乙二醇(一种单宁络合剂)，可测定单宁含量，每 Wolin 秸秆孵育产生的气体与短链脂肪酸产量密切相关，公式如下：

发酵性 $CO_2 = A/2 + P/4 + 1.5B$

此处 A、P 和 B 分别代表乙酸、丙酸和丁酸的摩尔数。

发酵性 $CH_4 = (A + 2B) - CO_2$

此处 A 和 B 分别表示为乙酸和丁酸的摩尔数，CO_2 的摩尔数由上一公式计算而来。假设：1 mol SCFA 从碳酸氢盐缓冲液释放的 1 mol CO_2 为缓冲性 CO_2，因此缓冲 CO_2 的摩尔数就相当于孵育期间产生的总 SCFA 摩尔数。

气体体积＝气体摩尔数×气体常数(R)×T

式中：R＝气体的摩尔体积/温度(开尔文零点，K)，如：22.41/273≈0.082

T＝孵育温度(开尔文)：273＋39℃＝312 K

气体总体积(mL)从 SCFA 产量计算得到＝(BG＋FG)×CF

BG＝来自 SCFA 的缓冲气体体积(mL)

FG＝发酵性气体(mL)($CO_2 + CH_4$)

CF＝海拔和压力的校正因子，Hohenhim 法中海平面 400 m 上是0.953(39℃时在 Hohenheim 法中 1 mol 气体的体积为 1×0.082×312×0.953≈24.4 mL)

Blummel 等和 Getachew 等详细叙述了气体产生的成因和化学计量法。

添加或不添加聚乙二烯(PEG)时，含有单宁的枝叶饲料孵育 24 h 后，产生的气体与从 SCFA 根据化学计量法得到的气体体积密切相关。不同枝叶饲料的 CP 含量(5.4%～27%)和酚类化合物含量(1.8%～25.3%，总酚和总单宁含量相当于单宁酸的 0.2%～21.4%，)不同，这些饲料孵育 24 h 后，SCFA 的产量(mmol)和气体体积(mL)的关系如下：

缺乏 PEG 时：SCFA＝0.023 9.Gas－0.060 1；$R_2 = 0.953$；$N = 37$；$P < 0.001$ (Ⅰ)

添加 PEG 时：SCFA＝0.020 7.Gas＋0.020 7；$R_2 = 0.925$；$N = 37$；$P < 0.001$ (Ⅱ)

这些关系式与从麦秸得到的相似。

运用上述关系式，通过气体产量即可计算得到 SCFA 的量。SCFA 水平是对于动物而言可利用能量指标。SCFA 的测定对与饲料组成相关的产量参数和日粮净能值具有重要性，那么实验室未安装测定 SCFA 先进仪器的发展中国家，运用体外气体测定来预料 SCFA 的产量就显得日益重要。

当 SCFA 的量和摩尔比已知时，通过化学计量平衡就能计算从瘤胃发酵得到的 CH_4 和 CO_2 的量。

由发酵气体和 SCFA 缓冲释放的气体，能确定饲料发酵的反应动力学。气体产生的反应动力学取决于饲料颗粒的可溶和不可溶、可降解和非降解的相对比例。表述气体产量的数学模型可进行数据分析、估计底物和培养基的差别、可溶部分和缓慢发酵饲料组分的可发酵性。已经表述气体产量的模型资料较多。France 等结合气体模型和估计底物损失，及通过瘤胃的速率，得到瘤胃内降解程度与气体产量相关的适宜估计值。

（三）体外产气法及同期微生物数量测定

1. 微生物数量确定　体外气体法对反刍动物营养研究者极富吸引力，因它能方便地随时测定气体体积，但气体的测定仅反映营养废物和环境有害产物的值。多数研究认为气体产生的速率和数量与底物（饲料）降解的速率和数量相当。目前营养观念的目标是提高微生物效率，仅仅通过测定气体不能得到。体外气体测定仅反映 SCFA 的产量，SCFA 和微生物产量的关系并不恒定，原因是单位三磷酸腺苷（ATP）产生了生物量的变化。这就反映出气体体积（SCFA 产量）和微生物数量的反相关关系，特别是当二者同时以底物实际降解量来表示时。这就暗示通过体外产气法仅测定气体来选择粗饲料，或许会得到一种与最大微生物产量相反的结果。

Blummel 等（1997）论述了如何将体外气体产量测定与底物真实降解定量相结合的方法，为微发酵产物的分配提供了重要信息，体外微生物产量可按下式计算：

微生物量（mg）＝ 底物真实降解（mg ）－［气体体积（mL）×化学计量因数］

对于粗饲料，化学计量因数是 2.20。

2. 分配量因数计算　通过上面等式中的这些参数也能计算分配量因数（*PF*）。PF 就是底物在体外的真实降解量（mg）与由它产生的气体体积的比率。上面的等式就变成了：

微生物量（mg）＝气体体积×（*PF*－化学计量因数）

若一种饲料的 *PF* 值较高，意味着其降解的多数物质转换为微生物，即生物蛋白合成效率较高。粗饲料 *PF* 值较高表现为较高的采食量。通过得到的嘌呤，估计体内微生物蛋白合成以及反刍动物排放的甲烷量，可反映不同的体外 *PF* 值（*PF* 越高，尿中排泄的嘌呤也就越多、甲烷产出越低）。这些结果表明体外计算得到的 *PF*，可用于预测反刍动物的 DM 采食量、瘤胃微生物量、甲烷排放量。

测定底物真实降解量和计算化学计量因数的过程；SCFA 和气体体积之间的化学计量关系；SCFA、ATP 和微生物产量之间的关系都能通过 Blummel 等和 Getachew 等的研究得到。这些过程和关系式对以结构性碳水化合物为主的底物比较有效，其结果或许无法推及含大量可溶碳水化合物、蛋白质或脂肪的底物。同 Blummel 等得到的结果一样，Rymer 和 Givens 证明优质饲料（青贮牧草、小麦、甜菜和鱼粉）产生气体较多，每单位饲料真实降解 SCFA 产生的微生物数量较少。

有理由建议：应选择那些具有较高体外真实降解率和单位底物真实降解产气量少的饲料或饲料成分。Dijkstra 等研究了一个从体外气体参数得到体内微生物蛋白合成的模型。

3. 孵育时间和分配量因数 Blummel 等的另一项研究又一次描述了测定微生物数量的重要性，突出了测定不同发酵时间微生物数量的重要性。该研究中，在充足或低氮水平下，气体法需要在孵育的 8 h、12 h、18 h 和 24 h 测定底物降解和三种干草在 SCFA 的分配量的动力学（与体内消化力近似）、微生物、氨、CO_2 和 CH_4 的产量。微生物合成量可通过重量法测定，或通过氮平衡和嘌呤分析得到。在充足或低氮水平时，SCFA 和气体产量呈正相关（$P<0.000\,1$），并且在孵育的所有阶段均不断累积；孵育 12 h 后，微生物数量、氮和嘌呤产量下降，氨量上升。不论孵育时间和培养基（低氮或者氮充足水平）如何，每单位底物降解，气体和 SCFA 产量总与微生物产量呈负相关。孵育之后，持续产生较多的 SCFA 或气体及较少的微生物，反映微生物裂解和可能增加的微生物能量损耗。在低氮和氮充足的培养基中，三种干草被分配在 SCFA、气体以及微生物中，在降解底物方面总是不同（$P<0.05$）。嘌呤分析表明经过处理微生物发生了重大变化，这或许是解释微生物效率不同的一个原因。

对于富含单宁的饲料，缺少单宁活性拮抗剂 PEG 和添加 PEG 时，孵育 16 h 比 24 h 微生物生长的效率高。在 16 h 和 24 h 孵育中，培养基中的氮也影响单宁饲料微生物蛋白合成效率。因在孵育时，微生物裂解极小，需要寻求测定 *PF* 的方法，准确描述饲料和饲料成分的特征。需要探讨可能简单的方法，辨别这些孵育时间：最高气体产量的一半达到时、气体产量达到最大速率时（在一定的孵育时间内速率上升，接着随孵育进行而降低），这些参数都能通过气体数据计算得到。培养

基中氮水平对 *PF* 和 *PF* 在体内重要性的影响尚需要进一步探讨。

4. 中性洗涤剂可溶部分的消化动力学　气体测定方法已经用于研究粗饲料、富含淀粉的饲料及其他高消化力的碳水化合物组分，这些都是由于可消化 NDF（中性洗涤可溶物）存在，通过从饲料中去掉平均气体生成量得到。去除的过程或许有利于低 NDF 纤维饲料（如玉米子粒）的测定，但并不适合富含 NDF 的粗饲料。Blummel 等检测了粗饲料和 NDF 提取物的发酵速率和程度，包括中性洗涤可溶物的 DM 降解率和 54 种粗饲料及 NDF 提取物的 *PF*，研究表明，中性洗涤可溶物 24 h 降解能力比整个粗饲料中 NDF 的降解能力高，其 *PF* 值低于整个饲料 NDF（2.5∶3.1，中性洗涤可溶物的微生物蛋白合成效率较低）。高降解能力和低 *PF* 值就决定了从提取 NDF 中得到的气体体积比从整个粗饲料中得到的多。补充氨基酸和糖（提供可溶发酵底物），能提高发酵期间微生物利用细胞壁的效率，除去可溶成分也许会降低微生物效率。从 NDF 产生疑问到利用提取步骤计算体内动力学参数的重要性，细胞可溶部分对营养分配具有较大作用。

5. 自由采食量预测　影响反刍动物对粗饲料利用的主要因素是自由采食量，可以预测整个采食量中粗饲料的比例，特别是纤维性粗饲料，这是反刍动物营养的一个重要方面。体外产气量已用于预测 DM 采食量。许多学者报道了体外产气量和 DM 采食量之间的重要关系。牧草细胞壁能通过瘤胃填充机制显著影响自由采食量。与从孵育整个粗饲料得到的相比，从提取的 NDF 得到的气体产量与自由采食量的关系更密切。现在看来，通过对运用不同模型预测采食量的探讨，结合气体体积测定（4～8 h），结合底物降解量（＞24 h）的方法，好于仅基于气体产生动力学的模型。与测定粗饲料产气量相比，测定 NDF 的体外产气量（82%∶75%），能更好地解释 DM 采食量的变化。

6. 日粮组分间的相互作用　气体测定也用于评定基础日粮和补充日粮间的相互作用，即孵育基础日粮和补充日粮同时结合使用压力传感系统监测不同时间的气体产量。这表明可发酵物质作为即用能源，将通过刺激瘤胃微生物的活性来进一步加快粗饲料的消化。这些工作者在孵育基础日粮和补充日粮时观察到，在孵育初期的几小时内，气体产生存在协同作用，这就成为一种研究补充物质协同作用的方法。但需要指出的是，只测定产气量不足以得出正确结论。建议对于此类研究除测定产气量外，还应测定微生物生产量。

二、富含单宁的副产物和牧草的评定

(一)使用内外标记测定微生物生产量的需要

用产气法和洗涤系统计算纤维饲料中微生物产量,以此分析纤维的方法不适用测定富含单宁的饲料。富含单宁饲料的 PF 值(每毫克底物真实降解产生 1 mL 气体)的变化范围是 3.1～16.1,远超出了 PF 理论范围(2.75～4.41)的上限。

高 PF 值产生的原因可能有:①饲料中单宁的增溶作用。这些单宁对体系中的气体或能量没有任何贡献,但可导致 DM 的损失;②细胞可溶部分能致 DM 损失,但无益于产气,因为单宁阻碍气体产生;③二者兼有。

除此以外,残渣中的单宁-蛋白质复合物,也会使得重量法定量测定微生物产量过多。饲喂富含单宁粗饲料的动物粪样中存在单宁-蛋白质(蛋白质的来源包括微生物,饲料或胃肠消化道的内源性分泌)复合物,纤维分析中洗涤系统无法除去这些物质,影响测定纤维值的准确性,体内评定富含单宁饲料也有此问题。因此,以纤维分析的洗涤系统,由体内或体外试验评定富含单宁的饲料得到的结果均不够准确。

体外评定富含单宁饲料,要求用二氨基庚二酸(DAPA)或嘌呤作为标记,定量测定微生物产量,或在微生物中掺入^{15}N,当通过这些标记确定微生物产量(每毫升气体产生,或每毫摩尔 SCFA 产生)时,可计算出富含单宁饲料 PF 值。评定富含单宁饲料的体系开发,取决于孵育饲料时是否添加 PEG(分子质量 400 或 6 000,其中 6 000 较宜),用上面提到的标记,测定气体(或 SCFA)和微生物产量。PEG 对单宁有高亲和力,能与单宁相互作用产生 PEG-单宁复合物。出现在单宁总作用(生物)中的 PEG,在瘤胃发酵参数中起作用,改变气体(或 SCFA)和微生物数量。基于体外瘤胃发酵系统的生物测定和单宁复合剂,PEG 在评定富含单宁饲料的营养品质时,可作为添加剂使用。

(二)结合单宁与微生物蛋白合成的重要性

上述在 PEG 存在或缺失时,孵育富含单宁饲料的方法也用于研究可和不可提取的(结合)单宁对营养的影响。在孵育富含单宁的 NDF 时添加 PEG 会增加产气量,表明通过瘤胃微生物降解 NDF 释放的单宁具有生物活性,可能潜在影响瘤胃发酵。通过重复使用 70%水+丙酮释放可提取单宁,孵育富含单宁的枝叶饲料也能得到类似结果。

这种方法还可应用于研究单宁在微生物蛋白和 SCFA,以及气体之间对于分配营养的影响,或研究瘤胃微生物蛋白合成效率。使用 DAPA、嘌呤和^{15}N 法测定微生物数量显示，在没有 PEG 时，底物降解能力和微生物产量较高，微生物蛋白合成效率较低。基于气体的其他方法也能得出相似结论。这些方法中，微生物蛋白合成效率表示为合成氨的吸收速率，且使用了氮平衡法。相反，单宁存在时，微生物蛋白合成效率稍高。净微生物产量取决于可降解 DM 的减少和单宁存在时单位 DM 消化产生较高微生物产量之间的平衡。

此法也用于为开发富含单宁的饲料，即通过提高微生物蛋白合成效率来增强微生物产量。在孵育期间均匀添加少量 PEG 能增加微生物的生成效率，该结论可用于生产实践，即动物舔食能使瘤胃中 PEG 缓慢释放，比以 PEG 作为饲料的一部分直接饲喂动物效率更高。

（三）蛋白降解能力

尽管在体外孵育 24 h 从富含单宁的枝叶和豆科植物饲料得到的可降解氮值，低于所报道的劣质粗饲料，但这些枝叶饲料和豆科植物的 CP 含量较高，可能为瘤胃提供更多的可降解氮；当 PEG 存在时，体外可降解氮值升高。PEG 存在或缺失时得到的这些值差异在于，被单宁保护的不被瘤胃降解的蛋白数量，这部分蛋白是否全部都能过瘤胃尚需进一步研究。Raab 等（1983）报道孵育 17 h 后，体内和体外值存在密切联系，试验中饲喂正常蛋白饲料，有相当于孵育 24 h 值的 80%蛋白在最初的 8 h 内降解；而饲喂保护蛋白，只有相当于 24 h 值的 60%降解。体外研究富含单宁饲料在存在或缺失 PEG 时适宜的孵育时间，取决于蛋白质和单宁的特性，应该引起注意。饲料中被单宁保护、不被瘤胃降解蛋白的这种定量方法也需要体内法验证。

使用凝胶电泳结合成像分析测定孵育期间的饲料蛋白去向，可能成为另一种有价值的测定瘤胃氮降解力、研究不同植物产物（如单宁、皂苷、生物碱）影响的方法。

三、对于气体法评估饲料的几点思考

（一）真实有机物的降解能力和气体产量

经过 16 h（浓缩料）或 24 h（粗饲料样）孵育后，测定真实有机物（DOM）的降解能力和气体产量。

注：孵育终止点应微生物产量最大，这在常规的大量饲料检测评定试验中较难确定。计算当产气量达预期产量一半时的时间（即 $t/2$），此“$t/2$”接近微生物生成效率最大。这意味着在测定真实降解 DOM 和用 ^{15}N 测定微生物蛋白之前，必须进行动力学试验。浓缩料的 16 h 和粗饲料的 24 h 孵育对于常规饲料评定而言，或

许是一种折中的方法。

(1)计算有机物降解率。在 30 mL 含有环境培养基两倍的碳酸氢根离子的培养基中,称空气干燥样品(375±5) mg,用于估计可代谢能和 DOM 降解力。记录净产气量(含饲料的注射器的产气量,减去空白的产气量)。孵育终止后,把注射器中的内容物定量转移到烧杯中,与中性消化液一起消化 1 h(目的是溶解微生物,得到下层饲料)。过滤内容物两次,转移至坩埚,用热水洗坩埚中的残渣直到在洗涤剂清澈。130℃ 2 h 或 100℃ 10 h(过夜)干燥坩埚,称重坩埚,此重量减去空坩埚的重量就是注射器中下层饲料的重量。

[注意:这种测定下层残留物的方法对于含单宁的饲料/样品(残渣中出现单宁-蛋白质复合物)和富含淀粉的饲料(有些淀粉在孵育 16 h 后并不能被微生物降解,但可溶于中性洗涤剂,可能低估真正的下层残渣量)并不能得到令人满意的结果。并且这种测定下层残留物的方法不能用于孵育的最初阶段(孵育 16 h 之前),因为在这段时间内,饲料中的一部分下层物质被微生物降解能够溶于中性洗涤剂。]

把残留物(下层饲料)的重量记为"a"。接着把含有残留物的坩埚转移到茂福炉中,灰化样品,有机物消失留下灰分,再把坩埚转移到烘箱后称重,此重量减去空坩埚重量即为灰分重量(记做"b"),从 a 中减去 b 的重量就得到真正下层降解有机物的重量($a-b$)。计算 DOM 降解百分比。注意计算 DOM 降解时,必须有这种饲料样品的 DM 和灰分含量。这样就能计算 DOM 占(375±5) mg 风干物质中所占比例。

注射器中有机物重量=(375×DM%)-[375×DM%×灰分%或(375×DM%)×(1-灰分%)]。此结果记为"c"。有机物降解率就是$(a-b)100/c$。

(2)估计微生物数量。在终止孵育时,能够估计出多数常规饲料(不含单宁和不富含淀粉的饲料)的微生物数量。

该法同样不能适用于孵育开始的最初时期(早于 16 h)。

微生物产量(mg)=$(a-b)-2.2\times$净产气量(mL);

式中$(a-b)$以 mg 计量,2.2 是化学计量因数。

微生物产生效率=$(a-b)-2.2\times$净气体(mL)/$(a-b)$

(3)计算 PF。PF 用于计算微生物生成效率或微生物蛋白合成效率。个因数越高,效率就越高。

PF=(真实降解有机物 mg)/气体 mL,或者

$PF=c-(a-b)$真实降解的有机物被那个特殊注射器产生的气体划分。这个

值就是 *PF*。

PF 值的理论范围是 2.7～4.41。任何超过上限或低于下限的值均需要严格评价。富含单宁样品的 *PF* 值高于 4.41。*PF* 值越高(如 7.2)，就意味着 7.2 mg 真实降解有机物产生 1 mL 气体。富含单宁的饲料其 *PF* 值高是由于在孵育时，单宁从饲料中溶解，通过抑制瘤胃发酵(细胞溶解物对 DM 损失也有贡献)，进而抑制细胞溶解物产生气体。真实降解的下层残留物中出现了单宁-蛋白质复合物，就导致低估有机物的真实降解率，影响 *PF* 值的正确性，但复合物的出现会降低 *PF* 值。从含单宁的样品中得到的 *PF* 值是孵育期间饲料组分溶解的作用，但这不影响产气量和真实未降解残留中的单宁-蛋白质复合物的量。

(4)含单宁的饲料中真实未降解有机物含量的测定。对于含单宁的饲料，注射器中的内容物在孵育后不能被中性洗涤剂消化而测定真实的未降解 DOM 含量，但注射器中的内容物可用于测定掺入嘌呤和/或^{15}N 的研究。

微生物生成的效率表示为：注射器中的嘌呤 mg/净产气量 mL；或下层残留物中^{15}N mg(或 μg)/净产气量 mL(这些值都需要用空白校正)。若需要，可将嘌呤的量转化为微生物氮(MN)。取瘤胃液样品，17 000 *g* 离心得到微生物球团，蒸馏水洗一次，再离心，冷冻干燥。把冻干球团中的嘌呤，用硝酸银沉淀，再用高效液相色谱法(HPLC)或光谱法测定嘌呤。用这些嘌呤量与微生物产量想比，嘌呤就被转化为了微生物产量。若需要把嘌呤转换为微生物 N，则冻干球团的部分样品，微生物一凯氏定氮法测定 N，或把球团中的 N 转化为氨并用硝普钠和次氯酸盐反应测定氨。

【注意：嘌呤仅为微生物中的而不包括上清液中的 NH_3，但^{15}N 却包括孵育后出现在未降解的残留物和上清液中的量。因此，需要进行关于掺入^{15}N 的未降解残留物的研究。用高速离心机离心(4℃，17 000 *g*)20 min，注射器内容物的未降解残留物，用蒸馏水洗，再高速离心，弃上清液，残渣冻干或在 50℃真空炉中干燥。减去空离心管的重量就得到残渣的重量(离心管的重量加上残渣)，在后期计算时需要考虑。收集、称量残渣，用球磨机磨细。除测定^{15}N、嘌呤外，还能用于测定这些残渣组成。虽然本法强调用于测定富含单宁的饲料，但它能用于测定任何饲料样品。】

(5)用等式(1)和(2)可把气体产量转化为 SCFA 产量(mmol)。

(6)用 375 mg 样品的净产气量估测 DOM 在体内的可代谢能和消化率，可把气体值从 375 mg 转化为 200 mg 的干物质产量，或直接 200 mg 样品孵育 24 h 的产量。

(7)30 mL 含 2 倍碳酸盐离子的培养基中，PEG-6000 存在或缺失时，孵育

375 mg样品可以测定单宁的活性;在16 h和24 h时终止孵育,孵育的结果表示为:

与缺少PEG的注射器相比,添加了PEG的产气量、嘌呤所占比值均增加;

添加PEG后,饲料ME和DOM(折合成200 mg样品后)比值的变化(以不含PEG的量为100%);

当以嘌呤mg(或^{15}N掺入量)/气体mL表示时,加入PEG,微生物蛋白合成效率改变。

(8)把200 mg粗饲料样品孵育96 h或200 mg精饲料孵育72 h,测定产气量的发酵动力学。

(9)孵育后可用两种氮平衡法计算微生物氮(MN)。

第一个方法是:MN=TN-(NDF-N+氨-N)

此处TN代表总氮,即饲料N+孵育前(0时刻)注射器中缓冲瘤胃液中的N;NDF-N是孵育后结合在NDF上的N;氨-N是孵育后上清液中的氨态N。孵育开始后,在密封的体系中,TN存在于孵育的任何时间的微生物中;NDF-N在氨-N和氨基酸中。发酵时上清液中的氨基酸和肽可忽略不计,因此这些在激素微生物N时可以忽略。

NDF-N测定。孵育后注射器内容物转移到600 mL烧杯中,用50 mL中性洗涤剂(NDS)冲洗注射器两次,全部倒入烧杯。内容物回流1 h,过滤到坩埚(no. 2)。100℃过夜干燥并称重。NDS处理后的残留(中性洗涤残留,NDF),用微凯氏定氮法测定NDF-N。

第二种方法是:MN=APUR-N-NDF-N

此处APUR-N是孵育后结合到表观下层残留物的N,表观下层残留物的准备在上面已给出。结合到这部分的N的测定仍用微凯氏定氮法。

从表观下层残留物的量就能计算出表观消化率。

(二)气体法的注意事项

(1)买到注射器后,柱塞和相应有刻度的外部(管部)用金刚石笔(打开装有注射器的柱塞和管部的盒子)进行刻度修整,使注射器各部分的数值一致。

(2)用白凡士林润滑柱塞(少量涂抹需要24 h以上,大量则需96 h以上才能用于孵育)。

(3)从液态和固态的部分收集瘤胃液,进行预处理(预热容器,用CO_2冲洗容器,使瘤胃液总处于CO_2之下)。

(4)于试验当日配制新鲜原液。

(5)添加前(约10 min)开始用CO_2冲洗培养基。添加瘤胃液后和填充注射器

之前再用 CO_2 冲洗培养基至少 10 min。填充注射器时持续用 CO_2 冲洗培养基(此期流量可稍少)。

(6)填充注射器时,目视培养基(CO_2 气体应流入培养基,并搅拌培养基)。

(7)配制的 30 mL 培养基进入注射器。推进柱塞使其真空,接着打开夹子,此过程将培养基从喷嘴吸入注射器底部,否则将会有培养基和/或样品损失。

(8)在填充完注射器后(花 30～40 min),摇晃注射器。在孵育的前 2 h 内每 30 min 摇晃一次,接着在孵育的 10～12 h 间每 2 h 摇晃一次。在读取气体数据后(24 h、3 h、36 h、48 h、60 h、72 h 和 96 h)接着摇晃注射器。确保搅拌时所有的饲料颗粒进入培养基。

(9)填充完注射器后立即用蒸馏水冲洗分配器,否则分配器会变型,无法重复使用。

(10)至少 2 d 检查一次水浴锅中的水和温度。

(11)晚间离开之前,若柱塞超过 80 mL 就把它推回去,记录推回柱塞前、后的读数。

(12)晚上推回注射器时,摇晃约 30 min,以防止把柱塞底部的样品带出孵育的培养基。

(13)CO_2 气瓶须有报警装置,告诉别人你再使用,否则可能会引起事故。

(14)当记录气体读数时,用刻在柱塞上的棕环,而非柱塞底部的刻度。保证注射器处于倒立位置,读取气体数时保持平视,读完数据后迅速将注射器放回水浴锅。

(15)清洗注射器。清空注射器(拔掉柱塞,从后部而非注射头移取内容物);移去夹子;分离柱塞和注射器(管部)外部带刻度部分;用纸或软布擦干净柱塞上的凡士林,都放入热的洗涤剂(肥皂);用手擦柱塞,用软刷清洁管部;仔细清洗这些部件并用热的蒸馏水冲洗;样品干燥后放入注射器称重。

(16)固定夹子(捏着打开或关闭其压力部分,对着注射器),在取出注射器读数时,避免打开它时碰到水浴锅的盖。

(17)标记坩埚(最好用钻石笔)。按升序或降序排列,有助于辨别坩埚,因之后会放入茂福炉。

仅用 PEG-4000 或 PEG-6000 就能进行单宁的生物测定(后者更好)。

气体法演示的幻灯片可以参考下面网址:

http://www.iaea.org/programmes/nafa/d3/mtc/invitroslideshowapr01.pdf

四、结论与今后的研究

(一)瘤胃发酵法同时测定气体和微生物产量的优点

(1)能够检测大量饲料原料,在育种计划中用于开发有高营养价值的品种。

(2)利用本地可用的常规和非常规饲料组分,制定补饲计划,以达到瘤胃中最大微生物效率。

(3)研究瘤胃调控物增加微生物蛋白合成效率和减少甲烷(一种污染环境的气体)排放时的重要作用。

(4)在考虑发酵气体产量、SCFA 和微生物产生量的前提下,为观察营养-抗营养物质以及抗营养物质之间的互作提供途径(通过改变孵育培养基的组成)。这种方法越来越多的用于验证从植物提取的调控物的作用。

(二)今后的研究

(1)*PF* 值(导致微生物产生发酵底物的度量值)最大时,研发简单的方法鉴定体外气体系统的孵育时间。

(2)对孵育培养基 *PF* 值的作用。

(3)获得 *PF* 值在体内的重要性。

目前的研究结果表明,用于气体动力学参数和 *PF* 值的简单模型能预测反刍动物粗饲料 DM 的采食量和 CH_4 排放水平。尚需开展试验研究,从体外消化动力学参数(包括 *PF* 值)得到的任意饲料的微生物蛋白合成率,是否足够解释观察到的体内供给小肠的微生物蛋白的量。目前,测定后一参数的最简单方法,就是根据尿中得到的嘌呤水平来计算。还需进行大范围饲料组分和日粮的验证试验,以使上述测定气体和微生物产量的简单技术成为饲料评定的有效常规工具,从而避免费时、试验性的昂贵的饲喂试验。还要重点研发最适合气体产量数据的统计学或数学方法,并准确描述气体演化。需要研究用这种模型计算的不同统计学和功能性参数的生物学重要性,从而更好了解在这些数学描述中微生物的量。

研发建立非常规饲料实验室,提供包括常规组分分析和营养价值信息。对含单宁的饲料,需要测定单宁的生物活性,用化学方法测定单宁水平。

第五章　饲料微生物学

微生物广泛分布在自然界，或以污染物形式存在于草料、谷类、油料种子副产品及配合饲料中。青贮饲料制作过程，就是乳酸菌发酵过程。这些乳酸菌产生的乳酸可将青贮饲料的 pH 值降至 4.0 左右，有利于保存饲料，供反刍动物过冬用。利用乳酸菌和酵母菌的许多优点，将其作为益生菌饲喂动物，可减少家畜的腹泻、改善其生产性能。饲料也可被沙门氏菌、李斯特菌、大肠杆菌等有害微生物污染，其中大肠杆菌主要通过动物粪便、污物等途径污染牧草和配合饲料。患病植物带有的或储藏过程产生的真菌经常污染谷类和油料种子，这些真菌的某些种、株可产生真菌毒素，给家畜带来不良作用。使用杀真菌剂和防腐剂是减少有害真菌传播、降低这些不良反应的有效方法。本章除介绍饲料中的常见微生物外，还将对用于控制饲料污染，特别是真菌毒素污染的相关法律，以及当前有关疯牛病的法规作简单介绍。

一、引言

饲料微生物学是在相继发生沙门氏菌、大肠杆菌 O157、弯曲杆菌污染，欧洲等地暴发牛海绵状脑病，英国 2001 年和 2002 年口蹄疫持续流行等重大事件后产生的一门重要学科。饲料真菌污染已成世界性问题，不同规模养殖场的动物都发生过由真菌毒素导致的不良作用。饲料的安全问题一直令人担忧，对污染饲料、危害畜牧业的因素应该加以重视。尽管如此，我们也应该看到微生物的有益一面，生产青贮饲料需要依赖有益菌的发酵作用。本章将从青饲料发酵、真菌和细菌污染、益生菌和法规等方面论述饲料微生物学，其中还包括一些对疯牛病法规的相关评论，以便对饲料微生物学的进展和发展策略作一个较为全面的介绍。

二、青贮饲料微生物学

有效控制微生物特别是细菌的活性是成功保存含水分较高的草料或其他农作物的前提。通过碾压尽快排除空气并在整个制作过程中保持缺氧状态可使青贮饲料达到最佳保存条件，在这种状况下，乳酸菌大量增殖，利用植物的内源性糖产生足量的酸，使 pII 值降至保存青料的最佳值 4 左右。当然，即使在这种缺氧条件下，保存湿的草料也比较困难，缺氧环境也可给那些不利于保存青贮饲料的厌氧菌如梭状芽孢杆菌提供良好的生长条件，导致青贮饲料变质。与青贮饲料相关的几类细菌特性见表 5-1。

表 5-1 青贮饲料中的微生物

微生物	必要条件	主要产物/效果
乳酸菌(LAB)	厌氧，将青料晾晒至萎蔫、铡短以便乳酸菌迅速繁殖	正型乳酸发酵途径：乳酸和醋酸 异型乳酸发酵途径：乳酸、乙醇、甘露醇、醋酸和 CO_2
梭菌	厌氧、湿草料	糖分解型：丁酸、CO_2 和氢气
肠道杆菌	厌氧，最适 pH 值为 7.0，在发酵早期较活跃	蛋白水解型：丁酸、乙酸、胺、CO_2、氨气、醋酸、乙醇、CO_2、氢气和氨气
李斯特菌	需氧，适合在 pH 值 5.5 以上，低温，干草料中繁殖	易导致动物特别是羊患李斯特菌病
真菌	需氧易在青贮饲料表层繁殖	真菌孢子和真菌毒素

(一)菌种

乳酸菌包含正型发酵和异型发酵两大类，正型发酵的主要有胚芽乳(酸)杆菌、戊糖片球菌和粪肠球菌；异型发酵的主要有短乳(酸)杆菌和肠膜样明串珠菌。其中正型发酵类的乳酸菌将草料中的糖转化成乳酸的能力较强(表 5-1)。在这些乳酸菌中，普遍认为胚芽乳(酸)杆菌竞争力最强，并能在新鲜青贮料中产生大量乳酸。乳酸菌不能分解蛋白质，因此有利于保存草料中的不稳定蛋白质和游离氨基酸。

梭菌属同样包含两大类：一类分解糖，主要有丁酸梭菌和酪丁酸梭菌，这些细菌发酵草料中残留的糖类和乳酸产生丁酸，升高青贮料的 pH 值；另一类分解蛋白，主要有双酶梭菌和产孢梭菌，这些细菌将氨基酸发酵产生多种产物(表 5-1)。梭菌能在高水分的环境中大量繁殖，因此，含水分较高的草料制作青贮料较难，且不易保存，青贮料的口感和品质也难以保证。

肠道杆菌包含大肠杆菌和草生欧文菌，这些细菌也不利于制作青贮料，它们能与乳酸菌竞争植物中的糖并将其发酵产生醋酸、乙醇、CO_2 和氢气；还能分解代谢氨基酸产生氨气(表 5-1)。

单核细胞增多性李斯特菌广泛分布在于自然界中，在青贮料特别是大规模青贮料中也能发现。李斯特菌病的发病率升高常与饲喂大量青贮料有关。由于大规模青贮时密度相对较低导致发酵不充分，或者青贮时袋子破裂都容易滋生单核细胞增多性李斯特菌。这种细菌是动物源性食品的潜在污染源，因此深受关注。

青贮料中常见的真菌有酵母和霉菌，酵母主要有念珠菌、酵母菌、球拟酵母菌；与青贮料有关的霉菌主要有各种曲霉菌、青霉菌和镰孢菌。这些真菌能产生真菌毒素，具有潜在的危害。

(二)微生物活性的调节

通过控制细菌的活性，可促进青贮料的保存。青贮之前，通过晾晒使农作物萎蔫是限制发酵的常用方法，可让乳酸菌增殖，抑制梭菌和肠道杆菌等有害细菌的繁殖。另外，萎蔫可减少液体产生，降低对环境的污染。

添加剂可用于抑制或促进青贮料中的细菌发酵。甲酸是最常用的添加剂，通过它可人为地将青贮料的 pH 值降至 4.0 以下，限制有害菌发酵。此添加剂已有商品化的产品，如含 85%甲酸的产品可添加到刚收割的草料中，按推荐剂量添加这种产品，细菌仍能发酵糖产生乳酸。有两种途径可激活青贮料中的细菌发酵产生乳酸：第一种是青贮之前向草料中添加糖蜜，确保乳酸菌有足够的糖分用来发酵产生乳酸，以便降至理想的 pH 值；第二种是最近也有另一种观点认为，新收割的草料中乳酸菌含量相对较低也是限制发酵产生乳酸的一个重要因素。在许多冻干的正型发酵乳酸菌等商品化产品已添加到新收割的草料中。当然，只有保证适当的接种率和充足的糖分才能确保乳酸菌的发酵效力。

三、浓缩料和草料中的真菌污染

由于遗传和环境因素的影响，某些种属真菌的次级代谢产物中含有真菌毒素。受这些真菌污染的谷类、油子饼和草料是全球特别是湿热带地区危害动物健康的重要因素。

感染某些致病性真菌或共生内寄生菌的草料和谷类经常发生真菌毒素污染。此外，当环境条件适合真菌繁殖时，在加工或储藏收割农产品或饲料时也时常发生真菌毒素污染。湿度和温度是影响真菌增殖和产生真菌毒素的两个主要因素。

吸入真菌孢子或食入菌丝体都可导致霉菌病，全身性感染真菌及真菌感染胎盘导致的真菌性流产是比较典型的例子。

(一)分类

习惯上常将产毒素型真菌分为田间型(植物致病性)或储藏型(食腐型)两种。麦角菌属、内生镰刀菌(*Neotyphodium fusarium*)和支链孢属等是典型的田间型真菌，而曲霉和青霉属是储藏型真菌。产毒素型真菌又可根据地理流行特点、特殊生长环境需求和次级代谢产物等再加以细分。黄曲霉、寄生曲霉、赭曲霉容易在炎热、潮湿的环境下增殖，而翘展青霉菌和有疣青霉菌属于温和型真菌。因此，曲霉真菌毒素在热带或其他炎热地区的植物产品中多见，而青霉菌毒素常见于温带地区的食物特别是谷物中。镰孢菌属真菌遍布世界，但该属中的产毒素菌几乎仅仅分布在热带和亚热带国家的谷物中。表5-2中列出了浓缩料和草料中比较重要的一些真菌及其产生的主要真菌毒素。

表 5-2 浓缩料和草料中的产毒素型真菌

真　菌	来　源	所产真菌毒素
黄曲霉菌，寄生曲霉菌	花生粉，棉子饼，棕榈仁饼，玉米，配合饲料	黄曲霉毒素
黄曲霉菌	油料种子粉，配合饲料	环并偶氮酸
赭曲霉菌，鲜绿青霉菌，圆弧青霉菌	大麦和小麦粒	赭曲霉素 A
橘青霉菌，扩展青霉菌	谷粒	橘霉素
P. citreo-viride 黄绿青霉菌	谷粒	黄绿青霉素
大刀镰刀菌，禾谷镰刀菌	谷粒	脱氧雪腐镰刀菌烯醇
拟分枝孢镰刀菌，早熟禾镰刀菌	谷粒	T-2 毒素
拟分枝孢镰刀菌，禾谷镰刀菌，早熟禾镰刀菌	谷粒	蛇形菌素
大刀镰刀菌，禾谷镰刀菌，拟分支孢镰刀菌	谷粒	玉米赤霉烯酮
串珠镰刀菌	玉米粒	烟曲霉毒素，串珠镰刀菌素，镰刀菌酸
Neotyphodium coenophialum	青草	Ergopeptine alkaloids
N. lolii	青草	黑麦草神经毒素生物碱
麦角菌	谷粒	麦角生物碱类
半壳孢样拟茎点霉菌	羽扇豆茬	拟茎点霉毒素
纸皮思霉菌	牧草	孢子素 A

1. 曲霉菌类

黄曲霉毒素(AF)主要包括AFB1、AFB2、AFG1和AFG2四种，此外，奶牛在饲喂了被AFB1污染的饲料后，其所产乳中可能出现黄曲霉毒素M1(AFM1)。一般认为，产AF的曲霉菌属于储藏型真菌，在相对高温、高湿的环境中容易增殖。AF污染多局限于热带饲料如花生、棉子和棕榈仁炼油后的副产物。在温湿地区，黄曲霉可感染未收割的农作物且在储藏时能经常发现，因此，在这些地区，AF污染玉米也非常严重。

如前所述,赭曲霉能产生赭曲毒素,至少有两种青霉菌也具备这样的特点。在自然界中的赭曲毒素污染物中,主要有赭曲毒素A和B两种,赭曲毒素A较常见,多见于谷物或饲喂了被其污染的饲料的动物组织中。另一种真菌毒素橘霉素常与赭曲毒素A一起污染饲料,特别是小麦更容易被污染。

2. 镰孢菌(霉)属

在谷类中,比较重要的镰孢菌(霉)属主要有禾谷镰刀菌、大刀镰刀菌、拟分枝孢镰刀菌、早熟禾镰刀菌和串珠镰刀菌(表5-2)。这些真菌能产生多种真菌毒素,对动物健康影响较大的主要有单端孢霉烯、玉米赤霉烯酮和烟曲霉毒素。单端孢霉烯主要可分为四类,A型和B型单端孢霉烯是其中最重要的两类。A型单端孢霉烯含有T-2毒素、HT-2毒素、新茄镰孢菌醇和蛇形菌素;B型单端孢霉烯包含脱氧雪腐镰刀菌烯醇、雪腐镰刀菌烯醇、镰刀菌酮-X。产生单端孢霉烯的A型和B型产物是某些镰孢菌(霉)属的典型特征。另外,这些真菌次级代谢产物有一个共同特点是能合成玉米赤霉烯酮,并以共污染物形式与单端孢霉烯一起污染饲料。烟曲霉毒素是由一类特殊的镰孢菌合成,有烟曲霉毒素B1、B2和B3三种类型,并经常一起污染玉米。

事实上,上面描述的这些产毒素型镰孢菌也是谷类植物中非常重要的病原,能致小麦和大麦的枯穗病、玉米的烂穗病等植物疾病。从患病的农作物中收获的谷类容易受特定的真菌毒素污染是上述观点的有力证据。

3. 内生真菌

内生真菌常出现在多年生植物高羊茅草上,另一种内生真菌(*N. lolii*)则多发生在多年生黑麦草中。感染 *N. coenophialum* 的高羊茅草主要产生Ergopeptine生物碱(主要是麦角瓦灵),感染 *N. lolii* 的多年生黑麦草则产生吲哚类异戊二烯黑麦草神经毒素生物碱(主要是黑麦草神经毒素B)。Ergopeptine生物碱可降低牛的生长率、繁殖力和产奶量;黑麦草神经毒素类化合物可导致反刍动物的神经症状。

4. 半壳孢样拟茎点霉菌

在澳大利亚,羽扇豆秧是非常重要的羊饲料,但羽扇豆的茎、豆荚和种子等成熟或衰老部位特别容易感染半壳孢样拟茎点霉菌而产生拟茎点霉毒素,限制了这种饲料的用量。拟茎点霉毒素A是导致羊衰弱、肝损伤和光过敏的主要毒素。

5. 纸皮思霉菌

纸皮思霉菌是一种普遍存在于牧草中的腐生菌,它能合成孢子素A,这种化合物可导致羊的脸部湿疹和肝损伤。

(二)有机酸的利用

储藏饲料时添加有机酸可预防饲料特别是高水分谷类的真菌污染，丙酸就是可以达到这种效果的有机酸之一，且当今已有将多种有机酸混在一起做成的商品化产品。苏格兰农学院(SAC)的Blanchard等(2001)通过2个试验验证了巴斯夫(BASF)公司两种产品的作用。试验中受试物包括Lupro-MIX® NC混合物(含38%丙酸、34%甲酸、8%氨水和20%的水)和Lupro-Grain®混合物(含92%丙酸、4%氨水和4%丙二醇)，同时设单纯添加丙酸作为对照，受试物和对照品均按0.10%、0.25%和0.50%三个浓度水平添加。在第一个试验中，用了六种储藏型真菌对上述三种防腐剂进行测试，统一使用马铃薯右旋糖琼脂(PDA)纯化培养基培养，随后计算了每种产品的最小抑菌浓度(MIC)(表5-3)。从表5-3中可以看出，丙酸的抑菌效力最强，且对各种菌的效力比较一致；Lupro-MIX®抑制扩展青霉菌的效力高于Lupro-Grain®；Lupro-Grain®抑制黄曲霉和寄生曲霉的效力好于Lupro-MIX®；两者对赭曲霉、有疣青霉菌和娄地青霉菌的抑制效力相似。该研究表明，与其他五种储藏型真菌相比，有疣青霉菌最易被受试化合物抑制。

表5-3 三种受试品在PDA纯化培养基中对六种贮藏型真菌的最小抑菌浓度

受试品	黄曲霉菌	寄生曲霉菌	赭曲霉菌	娄地青霉菌	扩展青霉菌	有疣青霉菌
丙酸	0.25	0.25	0.25	0.25	0.25	0.10
Lupro-MIX® NC	0.50	0.50	0.25	0.50	0.25	0.25
Lupro-Grain®	0.25	0.25	0.25	0.50	0.50	0.25

在另一个试验中，用寄生曲霉接种潮湿且已被灭菌的大麦种子，然后分别用0.10%、0.25%和0.50%的上述三种受试物处理，结果与第一个试验相反，Lupro-Grain®表现出最好的抑菌效力，其MIC最低(表5-4)。由于两种基质的水活度(含水量)或缓冲能力不同等差异，可影响上述三种受试物对寄生曲霉的抑菌效力。当然，要充分评价这三种防腐剂对其他谷类或复合饲料的抑菌效力，尚需更多的研究。

表5-4 三种受试品对大麦粒中接种的寄生曲霉的最小抑菌浓度①

受试品	丙酸	Lupro-MIX® NC	Lupro-Grain®
最小抑菌浓度	0.25	0.25	0.1

①用适当浓度的受试品将100 g大麦粒的含水量调至28%。

四、沙门氏菌

多种沙门氏菌对农场动物均有致病性，其中鼠伤寒沙门氏菌分布最广，肠炎沙门氏菌已成为禽类最常见的病原，并经常污染禽蛋和鸡肉。通常认为，饲料是这些细菌的重要来源之一，肉、骨粉和鱼粉等常被沙门氏菌污染；集中放牧是感染动物通过粪便传播沙门氏菌的另一途径；此外，在牧场中施用家畜粪便作为传统有机肥，是沙门氏菌传播的潜在重要来源。

世界上有些地区将家禽粪便作为反刍动物的饲料使用，如美国有将笼养蛋鸡的干粪便干燥处理和将其他养殖形式所产的湿粪便等混合排泄物干燥处理做的两种饲料。通过加热处理，能降低这些饲料的细菌污染程度，但达不到无菌状态。Jeffrey 等(1998)检测了 13 家奶牛场的家禽粪便饲料样品，虽然都检测到了肠杆菌和非糖发酵的革兰氏阴性菌和革兰氏阳性菌，但所有样品均未检测到沙门氏菌。

五、大肠杆菌

普遍认为，由于受粪便污染，家畜饲料中含有大肠杆菌。由于大肠杆菌 O157 能引起人类暴发某些疾病，它的出现引起了人们的特别关注。

使用家畜污物作为牧场肥料存在将粪便中的大肠杆菌传染给放牧动物的潜在危害，并已成为一个导致食品安全隐患的实际问题。Hancock 等(1998)认为需要区分大肠杆菌 O157 是源自贮存宿主还是偶见宿主，家畜不是大肠杆菌 O157 的贮存宿主。Pennington 研究小组(1997)也认为在没有有效的预防措施之前，给牧场施用家畜污物作为肥料的做法需要评估。因此，家畜污物中的大肠杆菌 O157 污染牧草仍然是一个有争议的问题。

除 O157 外的其他型大肠杆菌广泛存在于家畜饲料中。据 Lynn 等(1998)报道，从美国 13 个奶牛场和 4 个饲料厂收集的饲料样品检测数据来看，尽管未检测出大肠杆菌 O157，但发现有高于 30%的样品被其他大肠杆菌污染。在其中的 5 个奶牛场中，每克饲料中大肠杆菌的浓度超过 1 000 个菌落形成单位。因此，这些作者建议，必须重视潮湿饲料和大规模贮藏饲料时的大肠杆菌增殖问题。美国的其他学者也证实了家畜饲料中存在大肠杆菌(而非大肠杆菌 O157)的污染问题。Jeffrey 等(1998)报道，在 52 个用于饲喂奶牛的干禽类粪便饲料样品中，有 13 个样品检测到非 O157 型大肠杆菌。

六、口蹄疫病毒

2001年和2002年英国暴发的口蹄疫对畜牧业造成了破坏性的影响。口蹄疫主要通过家畜吸入或摄入被口蹄疫病毒污染的材料传播。当时认为,使用泔水喂猪是导致英国暴发口蹄疫的主要原因。虽然其关联性从未被证实,但必须承认,有必要采用恰当的方法处理饲料,特别是在集约化养殖中。当然,英国在最近的一条法规中已经禁止使用含有肉产品的泔水饲喂动物,因此,至少从理论上可以认为,畜牧业生产中的这一口蹄疫病毒污染途径可以排除。

七、牛海绵状脑病病原

近年来,动物蛋白中的朊蛋白已成为导致牛海绵状脑病(疯牛病,BSE)的重要饲料污染源。朊蛋白是那些能够转变成导致多种动物出现致命的神经症状的正常动物组织成分。自从英国出现BSE后,朊病毒的重要性广受人们的关注。该病是由于给牛饲喂了由感染痒病的羊制备的肉骨粉引发。羊痒病也由朊蛋白引起,与之类似的还有人的克-雅氏病。人患克-雅氏病均与食用被BSE污染的牛肉有关。正因为此,欧盟已通过多方面的立法来限制家畜饲料中使用特定动物产品。

八、益生素

许多添加到饲料中的微生物产品可以达到改善动物健康状况和生产性能的效果,但这些产品本身并没有营养功效,因此被称为益生素。如嗜酸乳酸杆菌能减少犊牛的腹泻、提高增重率(尽管不同试验中效果并不一致)。此外,酵母菌也可用作益生菌。需要强调的是,至今还不能完全阐明益生菌的作用机理,而且必须在不同的益生菌产品上市之前,对其成本效益分析进行严格评估。

九、法律法规

人们期望通过法律措施来限制饲料、草料中的细菌污染问题。而英国的法规仅对沙门氏菌污染问题做了规定。如根据英国法律,若检测饲料为沙门氏菌阳性,则必须向有关兽医官报告。由于没有充足的证据表明家畜污物是大肠杆菌的贮库,因此难以禁止将家畜污物或粪便作为牧场的肥料,且也难以看出通过采用法律手段能减少反刍饲料和牧场中的粪源性细菌污染问题。因此,在采用这类法规前,需要评估其控制农场中大肠杆菌的首次污染和随后传播的关键环节。

真菌的次级代谢产物有急性毒性作用，甚至某些真菌毒素有致癌作用，因此，必须建立适当的法规控制主要饲料原料和全价日粮的真菌污染。表 5-5 列出了英国、欧盟和北美等地的一些相关法规。从表 5-5 中可以看出，法规对 AF 的管理规定特别详细，而对赭曲毒素和脱氧雪腐镰刀菌烯醇仅提出一些建议性的指导原则，没有法律手段来约束，更令人担忧的是还没有限制致癌性烟曲霉毒素的相关法规。

表 5-5 各国法规对饲料产品中真菌次级代谢产物(真菌毒素)最大限量表

国家或地区	真菌毒素	饲料产品	最大限量	状况
欧盟	AFB1(μg/kg)	直接饲喂的饲料(不包括花生、干椰肉、棕榈仁、棉子、巴西棕榈、玉米及其加工产物)	50	法定
		牛、绵山羊的全价饲料(不包括犊牛、羔羊和小山羊)	20	
		猪和禽的全价饲料(不包括这些动物的幼年动物全价料)	20	
		其他全价料	10	
	AF M1(mg/kg)	乳及乳制品	0.5	法定
	赭曲毒素 A(μg/kg)	谷类及其产品	4	建议
	麦角	所有含未磨过谷类的饲料	1 000	法定
全球	烟曲霉毒素	未作规定	—	—
美国及加拿大	脱氧雪腐镰刀菌烯醇(mg/kg)	饲料	5～10	建议

自英国和欧洲其他地区暴发疯牛病危机后，饲料受到了特别严格的控制。英国规定，1994 年 9 月后，给反刍动物饲喂任何形式的哺乳动物蛋白都视为违法行为，且从 1996 年 4 月起，禁止给农场家畜饲喂哺乳动物肉骨粉(mMBM)，目的也是为了防止无意将肉骨粉饲喂给反刍动物。监测表明，多数饲料符合法规的要求，99.7%的饲料未检出禁用蛋白。欧盟也已制定相关的饲料法规来控制 BSE 的传播，如欧洲议会和欧盟委员会 2002 年 10 月 3 日颁布第 1774/2002 号条例，要求各成员国只能使用那些经兽医检验可供人食用的动物产品来生产饲料。该条例规定，收集、运输、贮藏和处理过程中受污染的病死动物，不能用于饲料或人类食品的产品，屠宰厂中必须销毁的动物废料等不允许添加到饲料中。该条例还禁止种内循环且对那些必须、且可以被排除的动物材料做出了明确规定，强制建立严格的鉴别和可追溯体系，要求那些用于销毁的肉骨粉和脂肪等动物产品必须做永久性标记，以避免可能出现的欺诈和将未经许可的动物产品混入食品或饲料等风险。新

法规要求必须采用焚烧或掩埋等方法对第 1 类材料(如传染性 BSE 或羊痒病等高风险动物性副产品)进行彻底处置;对第 2 类材料(包括那些可能存在带来其他动物疾病风险的动物性副产品)经有效处理后,除不能用于饲料外,可做他用;仅有第 3 类材料(如屠宰健康动物产生的可用于人的动物性副产品)经有资质的饲料厂家通过适当的方法处理后方可用于生产饲料。

第六章　饲料中的污染物和毒素

从全球范围看，饲、草料中含有大量人为造成的或自然产生的污染物和毒素。本章将对重金属、放射性物质、真菌毒素、植物毒素、抗生素和病原微生物等污染物和毒素在谷类、全价饲料和草料中的分布情况，污染物和毒素对农场家畜生产性能及可食动物产品安全的影响等作简述，提供一些饲料供污染物和自然界中污染物存在地域差别的依据，并阐明由污染物和毒素造成的动物疾病难以治疗的事实。另外，虽然有些发展中国家缺乏有效控制饲料污染物和毒素的法规，但随着欧洲和美国对进口饲料管理的加强，这些国家也会发生改变。

一、引言

饲料常易被环境污染物、农药和微生物等污染，也可受到饲料用植物的初级或次级产物产生的内源性毒素污染。饲料中的毒素主要来自植物和微生物，虽然可根据来源不同将其分类，但它们有些共同的基本特征，即表现出影响营养效果和家畜生产性能。此外，这两类毒素的相加或协同作用可产生联合效果，但在实际饲喂过程中，饲料污染物和毒素波及的范围及其相互作用造成的影响程度仍有待量化。尽管饲料污染物和毒素在全球广泛存在，但就个别化合物而言，其相关影响存在地域差别。“饲料”这一术语普遍用于泛指不同配料直接掺和在一起做成的各种配合料及草料，从长远来看，介绍其中的一些要点非常必要且有益。因此，本章将综述对农场家畜带来巨大风险的污染物和毒素，虽然由昆虫碎片和分泌物造成的饲料污染未作描述，但昆虫传播真菌孢子和菌丝的媒介作用不容忽视。本章还将对合法控制某些饲料污染物和毒素，提高控制的适用性和可操作性方面作简单介绍。

二、环境中的污染物

饲料中可能含有杀虫剂、工业污染物、放射性核素和重金属等大量有机或无机化合物。来源于有机氯、有机磷、合成除虫菊酯等几大类杀虫剂可能污染饲料。最近一项调查表明，英国有 21％的饲料中残留有杀虫剂，其中谷类仓储常用的杀虫剂甲嘧硫磷的检出率最高。杀虫剂对农场家畜具有潜在的毒性，是动物源性食品中最主要的残留物。二噁英和聚氯联二苯是工业污染物中常污染饲料特别是牧草的典型化合物，在工业区附近牧场中放牧的奶牛所产奶中的二噁英含量高于那些在农村牧场中放牧的奶牛。1999 年,供给比利时、法国和荷兰等地一些农场中的饲料中无意添加了被二噁英污染的动物脂肪,结果这些农场所产的肉制品和蛋中的二噁英含量严重超标。

保证人类健康是监测放射性核素污染的首要原因。1986 年发生^{134}Cs和^{137}Cs泄漏的黑钙土事件,导致牧场和贮藏的草料被污染,造成奶和羊胴体污染,羊的运输和屠宰都受到了限制。

饲料和牧草可被某些重金属污染,如给农作物和牧场使用某些肥料可能导致镉污染,工业和城市污物可引起铅污染,而使用鱼粉则可引起饲料的汞污染。

三、细菌污染

由于大肠杆菌 O157 可引起人类疾病,人们广泛关注饲料中大肠杆菌的污染问题。最近美国的一项研究表明,从商业渠道和农场中取的饲料样品中,尽管未检出大肠杆菌 O157,但有 30%的样品含有大肠杆菌。在牛场的各种饲料中,源自粪便的饲料在夏季最容易繁殖大肠杆菌(包括 O157 型),且粪便污染饲料的现象在农场中常见,是牛暴露于大肠杆菌和其他微生物的重要途径。在给牛饲喂家禽粪便作的饲料时(在加利福尼亚州就有两种这样的商品化禽粪产品可供作牛饲料使用),也存在暴露于细菌的可能。当然,使用彻底加热处理过的产品时,污染大肠杆菌、沙门氏菌和弯曲杆菌的风险可减少甚至消除。然而,在美国、欧洲、南非等地,牛饲料中污染沙门氏菌的现象经常发生,污染率高达 5%～19%。

在劣质青贮饲料和大规模青贮时容易发生单核细胞增多性李斯特菌污染。青草在缺氧环境中青贮时,低 pH 值的环境可确保抑制李斯特菌在青贮料中繁殖。但大规模青贮时,可能发生一定程度的有氧发酵,从而导致 pH 值升高,造成李斯特菌繁殖。李斯特菌在低温或水分过低青贮时也容易存活。李斯特菌可造成动物和人的流产、脑膜炎、脑炎和败血病等危害,近几年,各种形式的李斯特菌病发病率正逐渐上升。因此,应高度重视青贮饲料中污染李斯特菌的问题。

四、真菌污染

全球报道过多起真菌和真菌孢子污染饲料的事件。热带地区,曲霉是奶制品和饲料中最主要的真菌,其他种如青霉菌、镰孢霉和支链孢菌则是污染谷类的重要真菌。由于真菌可能产生真菌毒素,因此,人们不愿意看到真菌污染。来源于发霉的干草、青贮饲料、酿酒用的谷物和甜菜浆等的真菌孢子被动物吸入或食入则可产生真菌病,常见的有癣病和霉菌性流产,牛发生霉菌性流产多是因真菌造成全身性感染并发胎盘和胎儿组织增殖失常而致。

五、真菌毒素污染

真菌毒素是真菌产生的能损害动物健康和生产性能的次级代谢产物，常致特异性和非特异性的各种真菌毒素中毒症。表 6-1 列出了饲料、草料中常见的一些真菌毒素，并介绍了产生这些真菌毒素的真菌种属。草料和谷类常在田间感染特定的病原真菌或与其共生的内生真菌而导致真菌毒素污染。在处理或贮藏收获的农作物或饲料时，如果环境条件适宜腐败真菌生长也容易污染真菌。环境温、湿度是真菌增殖和产生真菌毒素的决定性因素。习惯上常将产毒素型真菌分为田间型（植物致病性）、储藏型（食腐型）两种。麦角菌属、内生真菌（*Neotyphodium fusarium*）和支链孢属等是典型的田间型真菌，而曲霉和青霉属是储藏型真菌。产毒素型真菌又可根据地理流行特点、特殊生长环境需求和次级代谢产物等再加以细分。黄曲霉、寄生曲霉、赭曲霉易在炎热、潮湿的环境下增殖；而翅展青霉菌和有疣青霉菌属于温和型真菌。因此，曲霉真菌毒素在热带或其他炎热地区的植物产品中多见；青霉菌毒素常见于温带地区的食物特别是谷物中。镰孢菌属真菌普遍存在，但该属中的产毒素菌几乎仅分布在气候暖和国家的谷物中。

表 6-1　常见饲料及草料中的真菌及其毒素

真菌毒素	真菌品种
黄曲霉毒素	黄曲霉，寄生曲霉
环并偶氮酸	黄曲霉
赭曲毒素 A	赭曲霉菌，鲜绿青霉菌，圆弧青霉菌
橘青霉素	橘青霉菌，扩展青霉菌
棒曲酶素	扩展青霉菌
黄绿青霉素	黄绿青霉菌
脱氧雪腐镰刀菌烯醇	大刀镰刀菌，禾谷镰刀菌
T-2 毒素	拟分支孢镰刀菌，早熟禾镰刀菌
蛇形菌素	拟分支孢镰刀菌，禾谷镰刀菌，早熟禾镰刀菌
玉米赤霉烯酮	大刀镰刀菌，禾谷镰刀菌，拟分支孢镰刀菌
烟曲霉毒素；串珠镰刀菌毒素；镰刀菌酸	串珠镰刀菌
细格孢氮杂酸；格链孢醇；格链孢醇甲醚；细格菌素	链格孢
Ergopeptine alkaloids	*Neotyphodium coenophialum*
黑麦草神经毒素	*N. lolii*
麦角生物碱类	麦角菌
拟茎点霉毒素	半壳孢样拟茎点霉菌
孢子素 A	纸皮思霉菌

同一种真菌产生两种或多种真菌毒素组成的混合产物是新出现的特点(表 6-1),这一现象使得历史上一些著名的真菌毒素中毒案例得以重新解释。

(一)黄曲霉毒素

黄曲霉毒素(AF)包括 AFB1、AFB2、AFG1 和 AFG2。此外,奶牛在饲喂了被 AFB1 污染的饲料后,其所产的乳中可能出现黄曲霉毒素 M1(AFM1)。一般认为,产 AF 的曲霉菌属于储藏型真菌,高温高湿的环境易增殖。AF 污染多限于发生在热带饲料如花生、棉子和棕榈仁炼油后的副产物。在温湿地区,黄曲霉可感染收割前的农作物并且在储藏时将其污染,因此,在这些地区 AF 污染玉米比较严重。

由于 AF 具有多种毒性,加上发达国家对其有立法限制,因此,许多国家都对饲料中的 AF 进行监测。英国自 1987—1990 年对饲料中的 AFB1 检测结果表明,所有进口饲料中的 AFB1 均符合现有法规要求。而其他地区的某些饲料中 AF 超标现象仍严重威胁动物的健康,如对印度一批花生饼样品检测表明,其总 AF 含量达到了 3 700 mg/kg。而中国和越南北部的玉米抽检样品混合污染 AFB1 和镰孢菌毒素的情况则更糟糕,中国 85%的玉米抽检样品中 AFB1 和烟曲霉毒素 B1 的含量分别高达 8～68 mg/kg 和 160～25 970 mg/kg,越南北部饲料级玉米中 AFB2 的含量达 9～96 mg/kg,烟曲霉毒素 B1 的含量高达 271～3 447 mg/kg。从 1988—1989 年对奶样的检测结果来看,英国仅检测出很少样品污染 AFM1,坦桑尼亚的样品检出率大于 50%。AF 是在 1960 年被发现并引起重视,当时,英国发生了由于饲喂被黄曲霉感染的花生导致 10 万只火鸡幼雏死亡的 AF 中毒事件,其典型症状为急性肝坏死和胆管增生(当时称火鸡 X 病),这一事件成了真菌毒素中毒症的一个历史性标志,并导致了 AF 的发现。随后的研究表明,AF 对雏鸭有急性毒性作用,反刍动物对 AF 的抵抗力较强。更为重要的是,许多流行病学研究表明,长期暴露于 AF 的人群可能发生癌症。

(二)赭曲毒素

赭曲霉是曲霉属中能产生赭曲毒素的一种,另外,至少还有两种青霉菌也能产生赭曲毒素。自然界存在 A(英文简称 OA)和 B 两种,以 OA 较为普遍,主要存在于谷类和饲喂了被其污染饲料的动物组织中。赭曲毒素常与另一种真菌毒素(橘霉素)混合污染饲料。最近,在保加利亚小麦样品中检测到的 OA 和橘霉素含量范围分别从低于 0.5～39 mg/kg 和低于 5～420 mg/kg;燕麦中的 OA 含量更高(最高可达 140 mg/kg),而橘霉素含量则低于检测限(D'Mello,2001)。

赭曲毒素和橘霉素对多种动物存在肾毒性,OA 常导致猪的肾病和巴尔干地区的地方性肾病，而橘霉素在这些症状中的作用还有待研究。

(三)镰孢菌毒素

研究表明，全球的谷类和饲料普遍受到镰孢菌毒素的污染(D'Mello 和 Macdonald，1998)，其中最重要的是单端孢霉烯族毒素、玉米赤霉烯酮(ZEN)和烟曲霉毒素。单端孢霉烯族毒素可分为4类，其中A型和B型最为主要，A型单端孢霉烯族毒素包括T-2毒素、HT-2毒素、新茄镰孢菌醇和蛇形菌素(DAS)；B型单端孢霉烯族毒素包括脱氧瓜蒌镰菌醇(DON，也称 vomitoxin)、雪腐镰刀菌烯醇和镰刀菌酮X。这两类单端孢霉烯族毒素系某些镰孢菌特有。此外，这些真菌的次级代谢产物都具有合成ZEN的特点，因此，ZEN常和某些单端孢霉烯族毒素构成共污染物。烟曲霉毒素由另外一类特殊的镰孢菌合成(表6-1)，包含有3类(烟曲霉毒素B1、B2和B3)，常一起污染玉米。

事实上，表6-1列出的这些产毒素型镰孢菌也是谷类植物的病原，能致小麦和大麦的枯穗病、玉米的烂穗病，大量证据表明，发病作物收割后可被某些真菌毒素污染。近年来报道过谷类和饲料中的镰孢菌毒素污染情况的许多监测结果(表6-2和表6-3)，全球性分布是这些真菌毒素的一个突出特点，但也存在极大的地域差别，另有证据表明在同一份样品中能同时检出不同的镰孢菌毒素。Placinta 等(1999)对这些问题做过详细归纳，如他们引用德国的一项研究表明，94%的小麦样品被2～6种镰孢菌毒素同时污染，20%的样品同时污染了DON和ZEN(表6-2)，最常见的混合污染物包括脱氧雪腐镰刀菌烯醇、3-ADON和ZEN。检测出的T-2和HT-2毒素含量范围分别为0.003～0.250 mg/kg和0.003～0.020 mg/kg，但仅与DON、雪腐镰刀菌烯醇(NIV)和ZEN发生混合污染。

表6-2　谷类和饲料中的DON、NIV和ZEN在全球分布表　mg/kg

国家	谷类及饲料种类	DON	NIV	ZEN
德国	小麦	0.004～20.5	0.003～0.032	0.001～8.04
波兰	小麦	2.0～40.0	0.01	0.01～2.0
	玉米粒	4.0～320.0		
	玉米棒子；轴茎	9.0～927.0		
芬兰	饲料和谷类	0.007～0.3		0.022～0.095
	燕麦	1.3～2.6		
挪威	小麦	0.45～4.3	最高0.054	
	大麦	2.2～13.33	最高0.77	
	燕麦	7.2～62.05	最高0.67	

续表 6-2

国家	谷类及饲料种类	DON	NIV	ZEN
荷兰	小麦	0.020～0.231	0.007～0.203	0.002～0.174
	大麦	0.004～0.152	0.030～0.145	0.004～0.009
	燕麦	0.056～0.147	0.017～0.039	0.016～0.029
	黑麦	0.008～0.384	0.010～0.034	0.011
南非	谷类/饲料		0.05～8.0	
菲律宾	玉米		0.018～0.102	0.059～0.505
泰国	玉米			0.923
朝鲜、韩国	大麦	0.005～0.361	0.005～0.361	
	玉米	平均 0.145	平均 0.168	
越南	玉米粉	1.53～6.51	0.78～1.95	
中国	玉米	0.49～3.10	0.78～1.95	
日本	小麦	0.03～1.28	0.04～1.22	0.002～0.025
	大麦			0.010～0.658
	小麦	0.029～11.7	0.01～4.4	0.053～0.51
	大麦	61.0～71.0	14.0～26.0	11.0～15.0
新西兰	玉米	最高 3.4～8.5	最高 4.4～7.0	最高 2.7～10.5
美国	小麦	高至 9.3		
	冬小麦，1991 年	<0.1～4.9		
	春小麦，1991 年	<0.1～0.9		
	小麦，1993 年	<0.5～18.0		
	大麦，1993 年	<0.5～26.0		
加拿大	硬粒小麦	0.01～10.5		
	小麦(软粒，冬小麦)	0.01～5.67		
	小麦(软粒，春小麦)	0.01～1.51		
	玉米	0.02～4.09		
	饲料	0.013～0.2	0.065～0.311	
阿根廷	小麦	0.10～9.25		

表 6-3 全球玉米和饲料污染烟曲霉毒素统计表 g/kg

国家	FB1	FB2	FB3	总计
玉米				
贝宁	nd～2 630	nd～680		nd～3 310
波扎那	35～255	nd～75	nd～30	35～305
莫桑比克	240～295	75～110	25～50	340～395
南非	60～70	nd	nd	60～70
南非	最高 2 000			
马拉维	nd～115	nd～30	nd	nd～135
赞比亚	20～1 420	nd～290		20～1 710
津巴布韦	55～1 910	nd～620	nd～205	55～2 735
坦桑尼亚	nd～160	nd～60	nd	nd～225
洪都拉斯	68～6 555			
阿根廷	85～8 791	nd～11 300	nd～3 537	85～16 760
乌拉圭	nd～3 688			
哥斯达黎加	1 700～4 780			
意大利	10～2 330	nd～520		10～2 850
葡萄牙	90～3 370	nd～1 080		90～4 450
越南	268～1 516	55～401	101～268	524～2 185
中国	160～25 970	160～6 770	110～4 130	430～36 870
菲律宾	57～1 820	58～1 210		
泰国	63～18 800	50～1 400		
印度尼西亚	226～1 780	231～556		
饲料				
南非	4 000～11 000			
乌拉圭	256～6 342			
印度	20～260			

注:nd =未检测到。

在波兰东南部的卢布林地区,A 型单端孢霉烯族毒素污染大麦常与由镰孢菌引起的枯穗病有关,其中以拟分枝孢镰刀菌为主。从 24 份大麦粒样品的检测结果来看,有 50%的样品为 T-2 毒素阳性,含量为 0.02～2.4 mg/kg,这些阳性样品中有5份与HT-2毒素混合污染，含量为0.01～0.37 mg/kg。玉米穗同样可自然感染镰孢菌，波兰的一项研究表明，感染禾谷镰刀菌可导致玉米穗轴同时受DON(表6-2)和15-ADON污染。受镰孢菌损坏的玉米芯的DON和15-ADON含量分别为4～320 mg/kg和3～86 mg/kg，而玉米穗轴的轴茎污染更为严重，含量范围分别达9～927 mg/kg(表6-2)和6～606 mg/kg。挪威商品化种植者生产的燕麦粒受DON污染较大麦和小麦严重(表6-2)，除了NIV(表6-2)外，还有3-ADON和镰刀菌酮X等污染物。例如，这些燕麦样品中有56%含有3-ADON，其含量可达0.03 mg/kg甚至更高。其他受DON污染较为严重的还有日本与美国的小麦和大麦样品(表6-2)。然而，必须说明的是即使样品中污染物的含量很低，仍有高发病率的情况出现。据报道，荷兰有90%和79%的谷类样品分别受DON和NIV污染。

最近的报道表明，玉米和饲料普遍受烟曲霉毒素污染(表6-3)，其中最主要的是烟曲霉毒素B1(FB1)。含FB1最高的是中国的玉米样品，且有85%的样品与AFB1混合污染，其次是泰国的样品。越南北部的玉米受烟曲霉毒素、DON、NIV和AFB1的多重污染。含FB2最高的玉米是阿根廷的样品。菲律宾、泰国和印度尼西亚的玉米样品中，有50%的样品检出FB1和FB2，有48%的样品同时检出FB1、FB2和AF。

镰孢菌毒素可导致农场家畜的多种不良反应。DON可抑制猪的采食，ZEN可导致猪和反刍动物的繁殖疾病，烟曲霉毒素可引起猪的肺水肿、马脑白质软化症等症状。在南非，发现受烟曲霉毒素污染的玉米与人患食道癌有关。

(四)内生菌生物碱

内生真菌(*Neotyphodium coenophialum*)常出现在多年生植物高羊茅草上，另一种内生真菌(*N. lolii*)则多发生在多年生黑麦草中。感染*N. coenophialum*的高羊茅草主要产生Ergopeptine生物碱(主要是麦角瓦灵)，感染*N. lolii*的多年生黑麦草则产生吲哚类异戊二烯黑麦草神经毒素生物碱(主要是黑麦草神经毒素B)。Ergopeptine生物碱可降低牛的生长率、繁殖力和产奶量，而黑麦草神经毒素类化合物可导致反刍动物的神经症状。

(五)拟茎点霉毒素

在澳大利亚，羽扇豆秧是重要的羊饲料，但羽扇豆的茎、豆荚和种子等成熟或衰老部位特别容易感染半壳孢样拟茎点霉菌而产生拟茎点霉毒素，限制了这种饲料的饲喂量。拟茎点霉毒素A是导致羊衰弱、肝损伤和光过敏的主要毒素。

(六)孢子素

纸皮思霉菌是一种普遍存在于牧草中的腐生菌,它能合成孢子素 A,这种化合物可导致羊的脸部湿疹和肝损伤。

六、植物毒素污染

许多植物含有影响农场家畜生产性能发挥的不良成分,这些化合物存在于植物叶子或种子中。表 6-4 列出了一些毒素在其主产植物中的有效含量。植物毒素可被分为不耐热的和耐热型两种,前者主要包括植物凝血素、蛋白酶抑制因子和氰根,它们对常规加工时的温度较敏感;后者包含的种类较多,如抗原蛋白、缩合单宁、喹嗪烷类生物碱、硫代葡萄糖酸盐、棉酚、皂甙、非蛋白质氨基酸(如 S-甲基半胱氨酸和含羞草氨酸)和植物雌激素等。D'Mello(2000)对这些物质的作用作了详细的描述,在此仅作简单介绍。

表 6-4 植物毒素来源及含量

植物毒素	主要来源	含 量
植物凝血素	刀豆	73 IU/mg 蛋白
	翼豆	40～320 IU/mg
	利马豆	59 IU/mg 蛋白
胰蛋白酶抑制剂	大豆	88 IU/mg
抗原蛋白	大豆	—
氰根	木薯根	186 mg HCN/kg
缩合单宁	刺槐	65 g/kg
	荷花	30～40 g/kg
喹嗪烷类生物碱	羽扇豆	10～20 g/kg
硫代葡萄糖酸盐	油菜子	100 mmol/kg
棉酚	棉子	0.6～12 g/kg (游离)
皂苷(甾体类)	匍生臂形草属、黍类	—
S-甲基半胱氨酸	羽衣甘蓝	40～60 g/kg
含羞草碱	银合欢	145 g/kg(种子),25 g/kg(叶子)
植物性雌激素	三叶草、苜蓿、大豆	—

(一)植物凝血素

植物凝血素是能损坏肠黏膜的一类蛋白质，动物可因饲喂含大量豆子的饲料而摄入植物凝血素。与其他可食性蛋白不同的是，植物凝血素不会因消化作用而受到破坏，主要以原型形式通过粪便排出体外。翼豆和大豆等豆科植物种子中含有植物血凝素，典型具有较强抗营养和毒性特点的植物凝血素是刀豆中的刀豆素A。刀豆素A可使刷状缘膜脱落，降低肠绒毛长度，从而减少小肠吸收面积。与其他植物凝血素一样，刀豆素A能致肠固有层中嗜酸性细胞和淋巴细胞浸润。总之，植物凝血素可减少营养吸收，并可损坏免疫功能。

(二)蛋白酶抑制因子

蛋白酶抑制因子是一类典型的具有抗营养活性的不耐热因子，这类独特的蛋白质具有与动物消化道分泌物中的许多蛋白水解酶发生高度特异性反应的特性。大豆中的胰蛋白酶抑制剂(表6-4)是决定营养价值的重要因素，D'Mello(1995)已对其作过详细阐述。蛋白酶抑制因子还存在于芸豆、翼豆、木豆、树豆、豇豆等其他豆科植物的种子中，在动物体内主要能降低蛋白消化率和减少内源性氨基酸含量，从而影响家畜的生产性能发挥。

(三)抗原蛋白

豆科植物种子中的某些储藏蛋白能穿过肠黏膜上皮屏障，从而影响家畜免疫功能。大豆中的抗原蛋白分为大豆球蛋白和伴大豆球蛋白。可根据抗原蛋白对常规热处理变性的抵抗力和与哺乳动物消化酶作用力强弱等特点加以分类。抗原蛋白导致的最常见的不良反应为“免疫过敏综合征”，常发生在给致敏犊牛和小猪饲喂了加热处理过的大豆之后，抗原蛋白刺激产生多种局部和全身性免疫反应，并伴有严重的肠损伤，引起大便异常、营养吸收不良和腹泻。

(四)氰根

氰根常以不同形式广泛存在于植物中。在高粱和木薯中(表6-4)主要的氰根分别为蜀黍氰苷和亚麻苦苷，亚麻子中也含有亚麻苦苷。氰根是容易产生HCN的苷类化合物，而HCN则能引发中枢神经系统功能异常、呼吸衰竭和心跳停止等症状。也许因为木薯粉中存在氰根的缘故，饲喂未经处理的木薯粉可致家禽可代谢能降低。

(五)缩合单宁

单宁属于酚类化合物,其分子质量大于 500 Da。缩合单宁(CTs)是单宁中的一类,广泛分布于豆科植物(表 6-4)和高粱中。牛和绵羊对 CTs 敏感,山羊对其抵抗力较强。当绵羊日粮中含 CTs 过多(如莲花或过多刺槐等豆科植物),可能出现不良反应,主要的症状有瘤胃功能障碍、食欲降低、羊毛和体重增长缓慢。日粮中适度添加含 CTs 的物质也有好处,如中等量添加(30～40 g/kg 豆科植物 DM)则可增加有效蛋白含量,提高饲料的营养水平,还可减少牛的胃气胀;也有报道添加量较高时(100～120 g/kg 豆科植物 DM)可减少胃肠道寄生虫感染。

(六)喹嗪烷类生物碱

喹嗪烷类生物碱存在于羽扇豆类植物中,主要有羽扇豆宁、司巴丁和羽扇烷宁。苦味品种的羽扇豆类植物中总生物碱含量较高(表 6-4),可降低动物的食欲,因此不适于用作饲料。另外,怀孕期间的牛采食了某些品种的羽扇豆可能致所产犊牛患各种先天性畸形病。

(七)硫代葡萄糖酸盐类

硫代葡萄糖酸盐类是羽衣甘蓝等芸薹属饲料作物中特别重要的苷类化合物(表 6-4)。通过植物或微生物酶(如芥子酶)等作用从硫代葡萄糖酸盐中去除葡萄糖可释放系列不同化合物,再进一步分解产生多种毒性代谢产物。最常见的分解产物是异硫氰酸盐类和腈类化合物,此外还有许多其他产物,分解产生哪种产物取决于 pH 值、温度和金属离子浓度等条件。这些产物能造成动物(特别是非反刍动物)的器官损伤、甲状腺肿或食欲降低。

(八)棉酚

棉酚以游离或结合形式存在于棉子中。在完整的种子中,棉酚基本上以游离形式存在,但在处理过程中部分棉酚可与蛋白质结合成无活性的形式。游离棉酚具有毒性,可导致动物器官损伤,心力衰竭甚至死亡。用棉子饼饲喂公牛会增加精子异常率,减少精子产量。

(九)皂苷类

皂苷类主要分为甾体皂苷和三萜式皂苷两类,甾体皂苷存在于匐生的臂形草属和黍属等牧草用植物中,三萜式皂苷主要存在于大豆和苜蓿中。采食含甾体皂苷的草料可引发绵羊的肝源性光敏反应,苜蓿中的三萜式皂苷可降低饲料在瘤胃中的消化。

(十)氨基酸类

许多植物的叶子和种子中含有非蛋白质氨基酸,芸薹属作物的草料和根中含有S-甲基半胱氨酸亚砜(SMCO),热带豆科植物银合欢属的叶子和种子中含有含羞草碱等芳香族氨基酸。反刍动物自由采食芸薹属草料时,由于摄入了过量的SMCO,常造成器官损伤并伴有溶血性贫血。突然给绵羊换喂银合欢属饲料时,可造成银合欢中毒,其常见症状为掉毛、过度流涎、嗜睡、体重减轻和甲状腺肿大。

(十一)植物性雌激素类

植物性雌激素类包括各种异黄酮类化合物,主要存在于豆科植物草料和种子中(表6-4)。三叶草中的植物性雌激素主要是芒柄花素。植物性雌激素可在瘤胃中代谢产生各种具有生物活性的产物,芒柄花素可转变成具有更强雌激素功能的化合物。植物性雌激素可引发以排卵少、受孕率低为特征的三叶草病。

七、杂草种子污染

杂草种子污染饲料是一个世界性问题。由于杂草种子含有毒素并能稀释饲料,导致营养价值降低而影响饲料的品质。此类毒素包括前面已经描述的许多化合物,特别是生物碱、皂苷、氨基酸和蛋白酶抑制因子。许多国家已通过立法来控制饲料中的曼陀罗、野豌豆、蓖麻和猪屎豆等杂草种子含量。

八、未申报的添加剂污染

饲料添加剂可用于控制家畜的疾病,改善生产性能,但含有药物的饲料添加剂常会导致动物产品的药物残留。未申报的药物污染饲料也可能造成药物残留,这些药物多在饲料厂发生交叉污染导致残留。例如,含药物的残余饲料可能留在设备里而污染下一批饲料,这种情况下,虽然污染量可能并不高,但足以造成动物产品中检测到残留药物。Lynas等(1998)在北爱尔兰地区检测到大批未申报的抗菌药物添加剂污染饲料的情况,在247种含药物饲料样品中,发现35%的饲料含有未申报的抗菌药;在161种“不含药物”的饲料中,则有44%的含有抗菌药物。其中最常见的污染物为金霉素、磺胺类药物、青霉素类和离子载体类药物。若给快出栏的动物饲喂被磺胺二甲嘧啶污染的饲料,很容易引起动物组织中药物残留超标。饲料中污染未申报的抗菌药物是一个急需深入研究的全球性问题。动物产品中的药物残留危害人类健康，可引起变态反应，导致病原微生物对抗菌药物产生耐药性。

九、通过立法减少饲料污染

对控制饲料中有害物质的相关法规作一简述具有较大的指导意义。当前，相关法规主要集中在欧洲和北美地区，而发展中国家的有关法规则相当匮乏，有50多个国家（主要集中在非洲）和地区没有制定控制真菌毒素的法规。自1999年8月欧盟开始实施针对进口饲料的新法规之后，非欧盟国家的饲料生产商需通过经欧盟认定的、已获相关资质并有进口饲料安全标准的代理商才能将饲料出口到欧盟国家，这种情形可能会改变那些缺乏相关法规国家的现状，敦促他们制定有关法规以适应新形势的需求。

目前已普遍制定了针对直接给动物饲喂用的、全价料或预混料等饲料中重金属和 AF 的限量标准，不同饲料的相关限量有所差异。受控制的杀虫剂在饲用和油脂用植物中的限量要求不同，但动物用的限量要求区别不大。在种类繁多的植物毒素中，仅有棉酚、氰根和某些硫代葡萄糖酸盐类受欧盟的法规限制。有的国家已制定了专门的法规来限制饲料中某些细菌污染问题，如英国法律规定，饲料中检测到沙门氏菌必须向有政府指定的兽医官报告（HMSO，1989）。

十、受污染饲料的有效处理

饲料生产过程中，为提高饲料的安全性和营养价值，加热处理是常见的加工方法。例如，对禽粪进行热处理，可有效控制甚至消除沙门氏菌、大肠杆菌和弯曲杆菌的污染。此外，热处理还能使蛋白酶抑制因子、植物凝血素和氰根等变性失活。对抗原蛋白的处理方法则相对复杂，需要使用热的乙醇水溶液进行提取。

对被 AF 污染的饲料用油料种子，商品饲料厂可用氨水或氨气在高温高压下进行氨化处理，也有发展中国家在常温低压下进行小规模的氨化处理。氨化作用的去毒效果不可逆，可有效去除 AF 污染。受污染饲料经氨化处理后，待残留的氨散去再饲喂动物，就不会造成有害作用。经过这种去污染作用后，可减少或完全消除残留在牛奶中的 AFM1。若草料含单宁过多，可采用聚乙二醇喷洒叶子等处理方法将其有害作用去除，但实际应用该方法时，应当考虑其经济成本。

十一、小结

包括草本植物在内的各种饲料均可被有机、无机化合物和颗粒物等污染。其中有机化合物污染最多，主要有植物毒素、真菌毒素、抗生素、朊蛋白和杀虫剂等；无机化合物污染物主要有重金属和放射性核素；颗粒物如杂草种子和某些病原细菌也是常见的饲料污染物。这些饲料污染物和毒素可导致家畜食欲降低和繁殖障碍，增加细菌性疾病患病率等多种不良作用。由饲料污染造成可食用动物产品的药物残留问题已成为广受关注的社会问题。通过立法可适当控制某些化合物和病原微生物污染饲料，但在许多发展中国家特别是在非洲，控制饲料污染的法规还相当匮乏。可被去除的饲料污染物非常有限，且通常不经济，因此，积极预防是避免饲料污染最有效、实用的方法。

第七章　美国饲料管理的典型方案

一、美国饲料管理协会饲料安全计划

(一)饲料安全计划实施背景

国内外发生的几例事件增加了人们对饲养场各环节安全饲喂的关注。这些事件包括(但不局限于)化学污染(如重金属、多氯联苯、二噁英)、生物污染(如微生物)、有毒代谢物(如霉菌毒素、自然生成的毒素)和物理污染。现行的生产动物食品的饲喂安全条例已重点关注防止不安全药物残留在肉奶蛋中和阻止疯牛病的产生与扩散。这些已有条例为饲养企业各个生产环节提供全面的安全饲喂途径。

基于上述原因,美国动物饲料管理协会(AACFO)已着手开展饲喂安全计划,涵盖了饲料的生产、包装与运输环节。美国饲料管理协会在饲料安全评估上的已有相关措施。

(二)安全计划的目的

开展 AAFCO 模式饲料安全计划,找到现存饲料管理和培训计划的不足,进一步提高动物饲喂安全与饲料成分安全,把国家资源集中在最关键的环节去生产安全动物产品。提高动物源产品的安全,保护人类与动物健康,保留消费者的信心。

(三)实施内容

AAFCO 在设计饲料安全计划时考虑并评价各个途径的范围与效果,方案内容包括以下 4 个方面。

(1)现代良好操作规范(CGMP)为基础的饲喂安全管理与调查程序。

(2)已制定私有企业质量保证和教育程序、实践与规程,且正被各工业部门成功采用。如:危害分析关键控制点体系(HACCP)、整体质量管理(TQM)、统计过程控制(SPC)、质量控制和质量保证(QA/QC)。

(3)AAFCO 关于饲料与饲料原料生产、包装与配送的最佳管理实践指南与构架名录。

(4)美国 FDA 正在倡导饲料安全思想,如动物饲喂安全体系(AFSS)等。此间,AAFCO 将努力避免重复丌展饲料食品安全控制行动。

(四)实施目标

1.强调饲料安全的重要性 在完全了解现存政府调控和私有企业饲料安全思想后，在现存饲料管理的差异基础上，重申动物饲料与饲料原料安全的重要性，考虑到所有饲料企业(如饲料生产者、含有药物和不含药物饲料生产者、运输者、配送者、饲养场饲料生产者等)的不同。任务有：

(1)形成有效的、适用的、技术上可完成的、经济合理的模范饲料安全规程，该规程能识别各种饲料与饲料原料工业的多样性/惟一性。工作有：回顾并决定优良动物饲料操作中新采用的营养替代规则的潜在可操作性；回顾 AAFCO 典型饲料安全规程草案，决定其实现其目标的实用性；考虑额外信息与教育资源的发展，进一步提高农场饲料生产的安全。

(2)与 FDA 和其他管理机构合作，在动物饲料安全管理、指导、教育、监督、承诺上开展同等的广泛的不怕风险的行动。

2.将私营企业纳入安全计划 鼓励支持并采用 AAFCO 典型饲料安全程序，同时把私营企业作为饲料安全计划一部分，为其提供一个更大的舞台。任务有：

(1)建立一个实现模范饲料安全规程、良好标准操作程序和指南的时间表。

(2)鉴别现存的由大学、企业贸易协会和私有企业提出的培训和教育计划，以便各种企业能够增加饲料安全和质量保证原则的知识。

(3)给所有实体的提供饲料安全的协作教育与培训。任务有：定向分组；根据需要交流的信息或原则分组，如运输者面临的问题不与饲料买入者、饲料生产者或畜牧处生产者相同，单独分组；建立计划预算和资金筹措方案。

(4)提供一个定期论坛，讨论消费者、政府和企业的动物饲料安全问题。如 AAFCO 国有企业管理委员会开发论坛、FDA 动物饲料安全系统工作站、私有企业教育论坛，等等。

二、美国饲料管理协会对含药物饲料的典型管理计划

(一)典型管理计划的任务

给美国和全世界消费者提供安全卫生、价格适中、无不安全药物残留的肉、奶、蛋的供应，保证动物健康。

(二)典型管理计划的目标

(1)提供可信、简明和有价值的方法，确保饲料生产认真谨慎执行。

(2)通过所有调整后企业示范，促进自身调整与质量保证原则的完成。

(3)使 FDA 和国家调整权威机构集中精力，按照调整的承诺与检查结果排列

顺序,提高效率与投资效益。

(4)在已调整的企业培育调整一致的环境。

(5)对已调整企业提供教育与咨询,提高完成能力。

(6)促进已调整企业快速、公平、一致的实施应用。

(三)检查

1.范围与意图 现代良好操作规范(CGMP)(联邦管理法典,第225部分)是FDA规程的延续,其规程被多国采用。通过检查,判定应用这些规程的所有添加药物饲料的生产者(FDA许可和未许可的、商业和畜牧场混合使用者/饲养企业)是否执行。检查确保适用规程被每一个生产单位所理解和执行,从而提高动物与大众的健康防护。

关键在于涉及的所有饲料生产控制的调整单位(不论是联邦的还是州立的)都基于同样的理解与知识背景来操作,广泛交流,一起努力和行动。FDA和国家饲料控制权威机构之间的合作协议是执行现代优良生产实践规范的首要途径。

为保证检查可行与有效,需要做到:

(1)经过培训有合格证的、擅于检查添加药物饲料生产单位的检查者,去传授技术。

(2)为提高CGMP检查的连贯性和一致性,从事检查的培训尽可能以区域为单位提供。FDA、国家饲料控制权威机构和整改企业应投身到开展和传播培训计划的行动中。

(3)FDA和国家的联合检查应同时进行,以避免分别由国家饲料控制权威机构、FDA检查者在执行检查中由于培训、实践和检查方法产生的纰漏。

(4)应形成一个FDA和国家饲料控制权威机构均能够使用连贯模式,确保常规程序性检查的随机性,同时避免重复检查。

(5)应实行自愿性的自我检查计划(VSIP),含药饲料生产单位(FDA许可和未许可的,商业和畜牧场混合使用者/饲养企业)通过此自检查程序可以决定其CGMP规程的可行性。

2.生产单位的分类

(1)得到许可:使用2类A型药物添加条款含药饲料生产单位,需要有FDA含药饲料许可,并在FDA注册为药物生产单位。经许可和注册的企业必须接受FDA的CGMP两年一次的检查。

(2)未取得许可:除2类A型药物条款外,应用药物添加剂或者含药饲料的涉及药物饲料生产企业不要求在FDA取证、注册,无不需FDA的CGMP两年一次的检查。这些单位须接受随机检查,FDA和国家饲料控制权威机构无条件检查,也可受国家饲料控制权威机构现代优良生产实践规范检查。

3.检查形式

(1)发许可证前检查：FDA 含药饲料许可证的新申请者需要进行发许可证前检查。该检查应由有资质的检查者执行。

(2)有许可证单位的 CGMP 检查：注册药物生产单位需要两年一次的现代优良生产实践规范检查，需由有资质的检查者执行。

(3)无许可证单位的 CGMP 检查：没有参与自觉的自查程序的无许可证的含药饲料单位应由有资质的检查者执行检查。

(4)无条件检查：有许可证、无许可证与自觉的自查程序单位，应该由有资质的检查者按照提出的问题、关心事件、整改中问题来执行检查。

(5)随机审查：随机的检查者审查应该由有资质的检查者执行。

(6)自觉的自查程序审查：应该由有资质的检查者执行。

(7)VSIP：自觉自查程序含药饲料生产单位为顺应 CGMP 进行自检的程序。含药饲料生产单位在此类别中可以包括 FDA 认证与非认证企业、商务单位、畜牧场混合饲喂单位。

VSIP 是自愿的。含药饲料生产单位通过常规机构检查以外手段，向整改机构提供其顺应 CGMP 的保证，目的是提高公共卫生。程序的目的是提高对 CGMP 的顺从性，增加动物与公众卫生防护。程序也允许整改权力机构集中动物和公众卫生检查，但需优先区分资源。程序通过含药饲料单位达到参与自检程序的条件，加上每年连续的 CGMP 顺从性报告，实现这个目标。

下面是含药饲料生产单位参与自觉自查程序的条件：

为参与程序，提供书面通知给适当的调整权力机构，内容包括：单位的名称与地址、单位负责党派的名称与地址、单位执行 CGMP 承诺的声明。

单位已经实行了备案公司或企业为基础的质量保证程序，达到了 FDA 现代优良生产实践的要求。

单位根据适宜的统治机构实施的 CGMP，公司愿意参与计划的通知日期开始两年内接受检查，获得检查“通过”状态。

通知参加此程序前两年内检查未通过单位，或者两年内没有履行检查承诺单位，可以申请批准前检查，证实对 CGMP 的现行承诺。

单位至少每年自检一次，所使用材料：(1)附件 B(FDA 模板 2481)的“含药饲料检查报告” 依照程序 7371.004，含药饲料计划，见 FDA 依从程序指导手册(有 FDA 许可证单位使用)。或(2)“无许可证含药饲料单位检查表”，建于 AAFCO 官方出版物(无 FDA 许可证单位使用)。

参与自觉自查程序的单位完全掌握含药饲料生产和CGMP使用、具有自检知识的人执行自检。这些检查员在进行自觉自查程序的单位必须让接近所有设备、记录和完整CGMP检查需要的文件。

若单位当年经过一次有资质检查员的CGMP检查，则该检查对自查有用。

自查应该包括任何以前检查的回顾，从而决定依照承诺采取正确的行为措施。单位负责任人应检查所有检查表，列出需要时可采用的正确操作，建立解决所有不足点的目标时间表。不足的类型可能包括：

检查时可改正的不足：在保证承诺的规程中需求的改变；为保证承诺要求的额外员工培训与变化；仍然存在即将发生的问题。

存在不足且有可能发生问题的单位，应在90 d内重新自查，以确保缺点得以更正。

在60 d的自查期间，单位负责人向相关管理机构提交“设备年检报告”(FAIR)。设备年检报告包含如下内容：执行自查人员的名字与资格；自查的日期；单位质量保证程序达到CGMP要求的申明；完整自查报告的复印件，若有不足，简要叙述纠正措施；关于所有现存且有可能发生问题的不足的报告，单位需要说明为确保缺点得以改正并不会发生所采取的纠正措施，以后90 d自查结果需作为FAIR的附件提交。

参与自觉自查程序的单位需接受自觉自检程序审查和适当管理机构的无条件检查。检查员具有下列权利：记录与记录复印件，得到CGMP准许；联邦食品药品化妆品法案与权力机构允许追加的记录与记录复印件；设备年检报告(FAIR)单位相关权力机构归档；执行自查的人员回答自查过程，这可通过电话完成。

没有被以上法案和规程认为是危害单位的记录，连同内部审查表，没有必要接受有资质的审查员或者稽核员的检查。在危害单位的犯罪案件中，如此的记录有可能被传讯。

自觉自程序的参与不能改变以联邦管理法典510.301部分为代表的报告中新动物药物在饲料中使用的要求。

一个单位持续参与该计划取决于其持续达到参与条件的能力。

注：含药饲料生产单位有权在任何时候自愿退出计划。

4. 报告

(1)知道某一危害即将对人或动物卫生与安全造成威胁的单位应向相关权力机构反映情况。

(2)单位检查报告(EIR)：由有资质的检查员批准，供检查前、日常、无条件和稽核检查使用。

(3)FDA2481(检查表):注册且有许可证登记的单位中有资质检查员使用。许可证登记的自觉自检程序单位应使用此检查表进行年度自查(FAIR)。

(4)AAFCO无许可证检查表:有资质检查员使用此表检查没有认证与注册的单位。没有FDA认证与注册的自觉自检程序单位在年度自检中使用此表。

(5)设备年检表:参与自觉自检程序单位要求为每一个单位责任人向相关权力机构提交的年度报告。报告至少在单位保存两年。报告包括以下内容:自查人员姓名与资格,自查日期;单位质量保证达到CGMP的证明;完整检查表(FDA2481或者AAFCO)的材料。如果存在缺陷,说明纠正措施;存在的即将发生的缺陷的报告。单位必需说明为保证缺点被改正且不再发生所采取的纠正措施。随后的90 d内进行自查,保证所有缺陷按承诺中所言改正。

(6)检查通知:除执行自觉自检程序的单位不要求检查通告外,其他所有检查均须发布检查的书面通知。

(7)检查结果:有资质的检查员在检查中发现的任何与CGMP的偏差均需列在汇报中公布。

(四)教育和培训

1. 范围和意图　管理和检查含药饲料的负责人员与含药饲料生产者,需精通、理解和应用管理含药饲料生产单位的规程知识。该过程的完成需要继续教育和培训的改革与创新,也需要定向服务手段。

为给已整改企业统一管理的氛围提供高质、高效、执行联邦食物药品化妆品法案的食物安全主动精神,含药饲料的CGMP、国家饲料法规、和国家含药饲料计划提出了基于性能认证的程序。

2. 证明人的责任　为实现认真过程,确立证明人,设定了最低标准,向负责认证程序执行的认证组织提供观察。证明人由AAFCO和FDA选出的国家和联邦官员组成。

证明人职责:为认证组织提供最低标准,培训课程、稽查过程、换发新证、检查员撤销证书和通告的必要条件;建立检查员起始认证标准;观察测试、认证、换发新证、撤销证书规程的进展;提供对认证程序的修正与落实监督;建立与指挥认证组织的定期稽核;提供检查员起初换证的条件;指导认证/换证教育和培训计划,组织指导者的人才库。

3. 认证组织职责　认证组织须经证明人挑选,从事制定、实施和维持认证过程的独立机构。认证组织职责:

(1)提供提供定期的教育培训程序,保证检查员符合认证和换证的要求。

为每个级别认证准备和挑选课程手册;提供区域的、地方的和国家的培训;选择 FDA、国家检查权威机构有资质的人员和了解含药饲料生产管理知识的专家；向所有认证员和稽核者传播信息和教育资料。

(2)制定、落实与监督认证程序。主要包括：

制定和实施书面测试，精通各种水平认证的标准，落实检查员和稽核员，维持工作人员的登记注册；形成、执行并保持上访途径，需要时根据有资质检查员稽核情况以及管理企业的变化与技术进步来修改认证程序要求。

(3)对检查员与稽查员认证，维持工作人员登记。认证组织认定为二级资质检查员：

FDA 认为检查员有资格执行含药的现代优良生产实践的检查；国家检查员由 FDA 委任开展含药饲料的现代优良生产实践的检查。

(4)每两年按照认证组织制定的标准重新认证一次，鼓励认证组织要求有资质检查员参与教育培训课程并执行令人满意的检查，这一点在换证认证前起决定作用。

(5)联合 FDA 建立规程：检查员和稽查员会因利益冲突、不能胜任或不法行为等理由而被撤销认证资格的规程。

4. 计划调节人员的培训　检查员获得的水平决定于接受培训的数量与形式，FDA 为全国的员工提供尽可能多的培训经费。

(1)一级检查员：已接受过国家或联邦的含药饲料组织培训。当执行 CGMP 检查时需要有资质检查员陪同。

(2)二级(经认证的)检查员：已完成了让认证组织满意的两个水平培训。经认证的检查员有权在没有陪同检查员的情况下执行含有饲料企业的检查。

(3)三级检查员(稽查员)达到认证组织建立的标准，有权评价有资质检查员的工作能力，稽查可以通过定期或者任意随访方式，对有资质检查员的对含药饲料企业检查工作进行认证。

5. 教育与辅助承诺信息

(1)CGMP 承诺教育学习组涉及并由 FDA、国家支持，联合企业和其他涉及参与者(例如饲养场或者混合饲喂者)在有规则的基础上培育高水平理解力，能够顺应管辖饲料企业的 CGMP 管理。

(2)应该探索提供最新管理饲料生产企业信息的其他途径。建立一个广域网站点，通过网络 FDA 提供药物认证和新旧政策的热点信息。网站也能够为管理者提供机会，而且给整改企业传递有资质的 FDA、国家和企业代表反映的问题。

(3)“FDA 的承诺计划指导手册”应该不断地更新和修订，代表着 CGMP 承诺解释的有效来源。当国家和企业提出批评建议后，在可执行的范围内手册进行修改;给各州与整改后企业分发手册的可靠手段将得到发展。

(五)实施

1.范围和意图　实施目标:加强调控程序,保证人与动植物安全;提供统一有效的法律法规管理,协助推进国内与国际贸易;推进顺从教育需求,加速自觉执行企业发起的检查计划;通过强力有效的实施,增加全球消费信任度。

2.实施工具　实施工具由国家或联邦调控机构谨慎使用,利用最恰当必要工具促进特殊情况下的执行。

下面的实施工具,有些对州调控计划不可行,但可作为引导。

(1)通告函:给被调控部门提供履行承诺的必要信息。本质上是长期的或者危害人和动物健康卫生的违法行为不适用。

(2)警告函:给被调控部门提供明确描述发生的违法行为的必要信息,并要求遵守。当违规行为对人与动物健康安全具有潜在的威胁,但是无特殊事件发生时使用。

(3)撤出分销名录:指示调控单位除掉某产品使用和销售,直到纠正措施完成并被证实。当动物或人类健康安全或动物生产力受到不利影响时使用,此工具可能结合通告函、警告函、或非正式听证会/会议使用。

(4)非正式听证会/会议:给被调控单位提供一个为讨论与理解履行承诺必要信息的机会。当违规行为本质上是长期的或危害人和动物健康卫生的者不适用此工具,此工具可能结合通告函、警告函、或撤出分销名录来使用。

(5)定罪与没收:任何没有履行承诺的商业饲料均可能被所在地有法定资格的法庭抓捕。法庭可能发现经销饲料违法而定罪,之前给予原告/生产者申请对经销饲料释放、请求按照承诺重新分类标识的机会。当行为或产品威胁健康安全,或违规行为本质上长期存在就适用于此工具。

(6)民事处罚:民事处罚是对违规行为金钱上的罚款。违规行为的严重性与犯罪的反复性质决定民事处罚的上限。注意要给予行政(合法的)听证会的机会。当其他工具不可使用时,此工具用来防止长期违规、表现出不合法行为。民事处罚前应先恰当地使用通告函、警告函、非正式听证会/会议、或行政听证会。

(7)行政听证会:被调控单位的行政听证会(正式的)先于民事处罚、许可证否决、执照吊销。行政听证会可致被调控单位的许可法令失效。长期的违规、威胁人畜健康与安全的行为须使用此工具。

(8)起诉犯人:有法定资格的司法法庭可起诉妨碍或企图阻止饲料管理的任何公司或者个人。此工具用于严重威胁人类和动物健康、蓄意经济诈骗造成重大经济损失。

(9)命令：制止参与任何违规行为。当某机构参与行动并引起直接或间接的有害于大众的事情时使用。除命令外，民事处罚与起诉也可能并行处理。

FDA 可以得到的联邦调控工具见于 FDA 监管事务办公室调控程序手册的有关章节。完整的描述和联邦实施工具的内容参见 FDA 监管事务办公室调控程序手册。此文件可以在 FDA 的网页中获得：

http://www.fda.gov/ora/compliance_ref/rpm_new2/contens.html.

3. 承诺辅助　CGMP 违规行为的纠正可与有资质检查员现场检查同行。检查结束时这样现场纠正的违规行为由检查员记录在表格左侧并标注为已经纠正。

CGMP 违规行为现场未改正者，检查员将记录在表格左侧。以后的追踪检查安排检查违规行为是否被纠正。改正的证据考虑使用其他手段(比如字母)。

三、自我检查计划试点项目的框架

(一)背景与目标

AAFCO 与饲料工业的输入带来的 FDA、动物生产者团体和附属协会组织，形成了国家含药饲料程序模型(MNMFP)，其意图是为全部消费者提供安全健康、无药物残留的肉蛋奶，保护动物和人类健康；其目标是培育统一调控的环境，通过现在进行的教育计划提高顺从性，促进所有调控下的部门迅速的、公平的、连续的实施和自我调控，落实质量保证规程。

MNMFP 的一个重要改革创新在于，使用 FDA 的含药饲料 CGMP 承诺的调控机构检查调控下的含药饲料企业生产管理体系。自愿自检程序的目标是通过参与含药饲料生产单位，确保连续的顺从良好操作规范(GMP)调控，允许调控权威机构优先分配资源到更需要饲料或食品安全检查的地方。伴随着 CGMP 调控下的年度检查与填写企业顺从描述报告，含药饲料生产单位在参与自检计划中达到标准，从而实现了自愿自检程序的目标。

VSIP 试点目的在于评估 MNMFP 的实用性，收集试点信息，在 MNMFP 基础上加以完善。FDA 对执行自觉自检程序的含药饲料企业的政策在注册顺应性指导中有解释。

FDA 权力：试点项目未限制 FDA 和国家权力机构执行检查，也没限制途径、法定机构、责任与义务。取得 VSIP 项目试点资格的含药饲料企业可能被因某种理由检查，或因项目随机监督计划而被检查。

(二)试点的构架

1. 时间框架　计划的试点时间从 2000 年 1 月到 2002 年 1 月，必要时可以延长。已建立标准的企业在此时间范围内的任何时间均可参与试点。两年试点结束后,FDA 和 AAFCO 评估项目情况,必要时对试点和 AAFCO 国家含药饲料典型项目修正建议。现在参与试点的合格的机构,可继续参加到两年时间结束,除非机构要求退出。

2.参加单位数目　原定参加单位最小数目是 125。但数目的减小和扩大决定于参与兴趣的水平。如果 6 个月试点期间不到 50 个单位自愿参加,试点工作可能被取消。无论 FDA 是否认证,还是未取得 FDA 认证的单位、商业经营的或是养殖单位均有资格参加。试点计划分区如下:东部:25 个单位;中西部:60 个单位(分为中西部上下两个片区,各 30 个单位);南部:25 个单位;西部:15 个单位。

为协助各个单位选择是否参与试点,了解试点的运行、兽药中心(CVM)和调控事务办公室(ORA),联合 AAFCO 和工业部门,为试点制定了教育与信息资料。这些资料将提供给调控中的企业和国家调控机构。

3.参加标准　含药饲料单位参加 VSIP 试点项目的标准如下:

(1)单位需提供书面申请给当地 FDA 区域办公室,申报参与项目的愿望。申请应该包括:单位名称与地址;建立时负责党派的姓名与地址;单位完全承诺顺从 CGMP 的陈述;单位已经实行书面的交际或者产业为基础的质量保证计划,遵守 FDA 的 CGMP 要求,达到或超出 AFIA 或 NGFA 质量程序要求。(此结果的一个书面陈述能够达到证据的要求);单位许诺至少每年执行一次自检,需要:①附件 B (FDA 2481)、"含药饲料检查报告",来自 FDA 的 CGMP 手册中含药饲料项目承诺计划(应该为 FDA 认证企业使用);或者②单位有 CGMP 合格的检查结果,申请愿意参加该计划的通告前两年内服从调控权力机构指挥。

(2)FDA 区域办公室应与当地饲料控制办公室在决定能够参加试点的非 FDA 认证单位检查上合作。在 FDA 区域办公室与国家的饲料控制办公室就是否允许非 FDA 认证单位,在没有 FDA 检查历史记录的情况下参与试点是项目的关键所在。

申请单位愿意参加该计划的通告前两年内没有 CGMP 合格的检查结果,或参加该计划的通告前两年内没有 CGMP 服从性检查,可要求自觉自检程序的资格性检查(认证前检查),来证实现在的服从。

(3)参加自觉自愿程序的单位愿意进行按照完全理解含药饲料生产、适用 CGMP 和有经验引导含药饲料检查的单位来自检。这些检查员准备在自觉自检单位调查 CGMP 完整检查所需的所有设备、记录和文献资料。

(4)如果单位接受了恰当权力机构的 CGMP 检查,此检查当年当成自检。

(5)自检包括为判定承诺采取的救助措施最新检查的回顾。

(6)单位责任人应该考察检查表中所有记录,阐述必要时采取的行动,建立解决任何不足点的目标日期。不足可能包括:可在检查时纠正的不足;为确保服从要求变化进程的不足;为确保服从要求增加雇工培训和更换雇员的不足;正在发生并将持续的不足。

(7)在 60 d 自检中,单位负责任提交设备年度检查报告(FAIR)到 FDA 区域办公室,设备年度检查报告包括:执行自查人员的名字与资格;自查的日期与大约的时间;单位质量保证程序达到 CGMP 要求的申明;完整自查报告的复印件。如有不足,简要叙述纠正措施;关于所有现存且有可能发生问题的不足的报告。单位需要说明为确保缺点得以改正并不会发生所采取的纠正措施。随后的 90 天自查结果需作为 FAIR 的附件提交。

参与自觉自查程序的单位需接受自觉自检程序审查和适当管理机构的无条件检查。检查员具有下列权利:记录与记录复印件,CGMP 准许;联邦食品药品允许追加的记录与记录复印件;化妆品法案与权力机构;FAIR 单位相关权力机构归档;执行自查的人员回答自查过程,可以通过电话完成。

没有被以上法案和规程认为是危害单位的记录,连同内部审查表,没有必要接受有资质的审查员或者稽核员的检查。在危害单位的犯罪案件中,如此的记录有可能被传讯。

自觉自程序的参与不能改变以联邦管理法典 510.301 部分为代表的报告中新动物药物在饲料中使用的要求。

一个单位持续参与该计划取决于其持续达到参与条件的能力。

注:含药饲料生产单位有权在任何时候自愿退出计划。

4. 检查员与调查员　参与试点项目的国家/联邦检查员与调查员对此类工作最有资格,FDA 任命的官员(国家饲料调控的人)和有饲料粉碎检查经验 FDA 调查员执行试点项目所有检查,包括单位自检。

5. 检查类型　VSIP 资格检查(发许可证前检查):对愿意参加到 VSIP 试点项目中企业的资格检查。从单位申请加入试点项目开始前两年内有过不合格检查记录或未接受过 CGMP 检查,需要国家/联邦检查员执行此项检查。

无条件检查:任命的国家/联邦检查员执行此项检查。

VSIP 审计检查:在一次审计检查中,审计 25%的参加单位。在试点项目中,审计与监督检查均为 VSIP 审计检查。审计检查将调查 CGMP 服从情况与试点项目执行情况。培训后有经验的检查员或 FDA 任命的国家检查员执行试点项目的检查。审计前培训需出愿意参加审计工作的 FDA 检查员或 FDA 任命的国家检查员执行。尽可能地由训练有素的 FDA 检查员或 FDA 任命的国家检查员执行联手检查。审订应该在提交 FAIR 决定是否服从 CGMP 的 60 d 内进行。所有审计报告将被兽医中心审核，这些检查的信息为试点评估编辑成册（为提供统一的项目评价，鼓励联合审计检查。另外，联合审计检查会给将来可能从事审计或正在执行 VSIP 项目的 FDA 任命的国家人员提供审计实践经验）。

VSIP 试点项目中审计检查是通过设备自检和审计检查时单位的陈述判断参与设备是否符合 CGMP 要求。这种审计检查区别于田间管理导则第 56 条；国家合同：自检行为评价，这种审计是确定式的，不是自我检查式的。此外，来自审计检查的信息将用来评价试点工作。审计检查不是一个综合检查，而是服从性主题保证。

自我检查：VSIP 的参与者至少每年一次进行自检，判断与 CGMP 的服从程度。自检由有资格、负责任的人员进行，FAIR 提交给相关 FDA 区域办公室。如公司受到调控机构 CGMP 检查，在检查中标定为“通过”，此次检查就可以作为自检（国家饲料调控 CGMP 通过与否的检查可以认为是试点）。设备对于执行自检和完成 FAIR 的公司来讲至关重要。

6. 评价标准　FDA 在两年项目结束时对 VSIP 试点作出评估。试点评估的焦点是企业或调控单位是否能够合作达到 VSIP 中所言目标。评估包括一个 VSIP 审计检查考察和参与试点单位提交的 FAIR。

FDA 考察了 FAIR 数据与 VSIP 审计检查结果后，判断参与单位比现行调控程序符合的好坏。考虑的因素有：所使用检查格式是否合适、FAIR 的内容、随访报告。VSIP 检查已经证明了这些检查手段的实用性了吗？是否需要修改？这些手段能够给调整者提供实施 CGMP 的自信和信赖吗？

评估 VSIP 的标准如下：

(1)符合状态：参与者历史、参与者现在状况、状态变化。

(2)FAIR：充分完成检查表格、FDA2481 与 AAFCO 非认证检查表、完成的自检表格足以判断现代良好操作规范的符合性吗？报告是否不足？如何纠正的？

(3)VSIP 审计检查：审计检查决定单位实施的基于 FAIR 的 CGMP 与提交的检查表符合性吗？VSIP 审计检查统一执行吗？审计检查员是经过充足培训的吗？

VSIP 试点项目的评估与考察包括：调控机构和被调控企业的成本效率。但是，VSIP 试点项目的实施最可能要求增加合格资源与审计检查，要求参与并监督 FAIR 的递交。最后，VSIP 创新点在于允许调控机构较好地利用和管理有限的资源。应该组成一个有 AAFCO、企业与生产组织代表构成的工作组，协助 FDA 完成试点项目评估和评估后按照 MNMFP 的后续修正。

工作组考察了试点中得到的信息，决定以下事项：试点项目是否应持续到下一年度收集更多信息；试点项目应取消或实施 VSIP；试点项目应该持续到下一年度，但是否允许添加另外单位参与；对典型项目来说，有无需要变化；VSIP 是否应放弃。

在最后评价中，工作组应该作出 VSIP 可能预算，这些花费包括 VSIP 参与者的筛选与批准，FAIRs 的监督，FTE 审计检查，监督审计检查与 FAIR 的管理时间表，参与单位随后的调控。应该作出现行的管理计划花费与 VSIP 附加的花费之间对照。

每个参与 VSIP 的单位应在每年年终时向 AAFCO 饲料生产委员会提交一份费用分析与评价调查。花费分析包括公司参与试点项目而发生的费用，这些费用包括：完成检查与报告时间，监督报告时间，形成程序和纠正错误行为的管理时间。评价调查包括试点对公司发展远景影响的分析。

接受了审计检查的 VSIP 单位要求对检查是否适宜作出评价。检查的关键是单位自检还是审计检查？自愿性的 VSIP 单位对检查所使用表格、FAIR 的内容、接下来的报告、是否采取纠正措施作出适宜性评价。参与 VSIP 单位要理解审计检查的目的是要判定企业是否严格完成检查表格与 FAIR，是否服从 CGMP。

VSIP 单位也在随后的报告与采取的纠正措施上得到恰当评价。单位是否愿意持续此项目发表意见也是 VSIP 单位评价的内容。试点的一个重要方面是通过试点项目建立的信任度水平。

第八章　美国饲料的生产、包装、配销的良好操作规范

一、美国饲料的生产、包装、配销的良好操作规范

本章内容提供给生产、包装、配销动物饲料和饲料原料的企业，建立并实施良好管理实践的指导框架。良好的实践有助于保证动物饲料与动物源食品生产的安全，维护人类与动物的健康，保证消费者的信任。

该指导和框架文件包括能够被下述人员和组织使用并分发的信息资源：

(1)饲料调控官员，用来指导现行检查与教育计划。

(2)工业贸易协会，动物饲料和饲料原料企业相关部门，用于典型质量保证计划和教育/培训计划。

(3)从事动物饲料和饲料原料生产、包装、配销的独立公司，作为建立公司特有的“良好管理实践”的开端。

此指导性文件为非专利文件且重视实践，承认动物饲料和饲料原料企业的多样性。这些企业包括饲料原料供应商和生产商(包括但不局限于油籽谷物的生产者与配销者、谷物的生产与加工者、动物蛋白的提取与供应者、油脂供应者、糖蜜加工与供应者、维生素与矿物质的供应者、动物药品供应者、准许经营和未经许可的碾磨厂、从事养殖的混合者与饲喂者、大宗整合操作者、未添加药物的实验室日粮、宠物食物生产者，等等)。

此指导文件给特定企业按照前面讨论的自觉参与计划提供了可以发展的框架。AAFCO 鼓励感兴趣的组织使用并把食品安全的注意力放在对企业各部门重要性问题上。

(一)目的

本章内容的目的是给生产、包装、配销动物饲料和饲料原料提供指导与框架文件。此文件可用来作为饲料成分和动物特定饲料计划的研发(需要另外的指导)的框架。这指导设计用于反映现在被企业接受和普遍采用生产条件，灵活帮助生产者建立最佳独立操作的工作程序。

(二)术语与定义

本章使用了下面的术语及其定义。

(1)掺假。在联邦食品药品化妆品法案与 AAFCO 典型饲料单的第七部分有定义。

(2)饲料。给动物日粮提供能量和营养可被动物食用的物质。

(3)饲料成分。组成商品化饲料的每种组分。

(4)批次。特定时间生产的饲料或饲料原料。

(5)错标。AAFCO 饲料管理方案中已有介绍。

(6)害虫。指任何可引起饲料安全、动物不安的动物,包括(但是不局限于)蝙蝠、鸟、猫、啮齿类、昆虫和昆虫幼虫。

(7)车间。用来生产、标识或贮存饲料和饲料原料的建筑物、设备或二者兼有。

(8)质量保证程序。为把饲料发生掺假或错标降低到最小,而规定了必要的预警、检查和/或者测试的书面程序。

(9)返工。饲料或饲料原料重新加工成适于饲喂饲料的过程。

(10)监督。有资质的人检查其他人工作的行为表现。

(三)员工

车间管理应该采取合理的措施和警惕,以确保:

(1)清洁干净。所有员工工作中直接接触饲料和饲料原料,应该符合卫生保健要求。接触药物或有毒物质的人员应该在操作饲料和饲料原料后洗手。

(2)教育培训。员工应该接受适当质量保证方面的培训才能承担任务。

(3)监督。确保服从质量安全程序需要足够的监督。

(四)建筑、设备与配套设施

1.车间与地面

(1)地面。饲料和饲料原料存放的地面应保持干净整洁、最小污染。

(2)车间建筑设计。厂房的建筑在大小、结构和设计上应适于饲料生产的维修与清洁。这种设计应该计划到如何减小饲料污染。

2.内务操作

(1)总维持。车间的建筑、固定设备、一般性物理设施保持维修,足以减小饲料掺假到最小程度。

(2)用于有毒物质清洁与贮存的物质。清洁的化合物、有毒物质(如润滑剂等)和杀虫剂应适当使用,只能和有标识的说明书一同使用,贮存时防止可能对饲料和饲料原料造成污染。

(3)害虫控制。应该采取有效方法排除饲料加工和贮存区域的害虫,防止饲料和饲料原料被污染。

3. 设备

(1)所有设备需有适宜的大小、设计、构造,达到预期精准度,能够生产出质量统一、安全的产品。设备应该严格维修、清洁、检查与操作,以最大限度减少劣质产品的产生。

(2)刻度。所有天平与计量器械应对安装后精度进行校正,此后至少每年校正一次,必须确保预期目的。

(3)混合机。所有在饲料与饲料原料生产中使用的混合机应该定期测试,确保适宜的达到混合均匀和适当的混合时间。

(五)生产与过程控制

动物饲料生产与加工过程中,饲料成分的配方、贮存和清单以及生产方式应该一致。

1. 饲料原料　饲料原料在生产中应将潜在的污染减到最少,提升产品安全、质量和完整,达到饲料的适用标准。为确保产品完整,从供应商处来的饲料原料应有相应的把潜在污染减到最小的质量保证程序和规程。可通过多种有效方法完成,如供应商参观、供应商证书、购买合同、原料供应商或几种成分合并供应商的监测。

(1)大宗饲料原料应该进行如下检查。

从卡车或火车车厢到达工厂前,应用与 AOAC 国际或通常认可的方法,取代表性样本,并留存适宜时间。这是为了在卸货或接受前,确定产品是否符合企业采购标准。

卸货前,每个货车或火车车厢的各区域开始卸货时,应检查污染。若对产品的安全或质量顾虑明显,应采取适宜措施。

对使用小平车送来的饲料原料,产品的采样不可能在目的地(如货物运送靠有气胎的货车),供应商应向收获方保证装货前不被污染。另外,供应商应该携带并留存装上货车的代表性样本。代表性样本应该保留一个适当的时期。

(2)袋装饲料原料应作如下检查。

肉眼检查货物的包装,看接受与使用是否一致,以及能够引起不安全污染的损害情况。

在使用前检查成分。

(3)饲料原料应该是可以销售的,尊重国家与联邦管理规定,达到国家与联邦要求水平和已污染的调控限制,遵守地方的、国家的、联邦的法律。

(4)如果一种饲料原料含有或可能含有禁止使用的哺乳动物蛋白质,联邦的管理法典要求使用“禁止饲喂牛和其他反刍动物”警告语标识。为防止交叉污染,要求接触了禁止使用的哺乳动物蛋白质的和为反刍动物加工饲料的设备,实施适当的设备清洗程序。

零售或者准备零售的宠物食品，非反刍的实验动物饲料不要求标识。

若宠物食品或非反刍的实验动物饲料是廉价出售或废物利用者，必须标识“禁止饲喂牛和其他反刍动物”。

(5)任何被怀疑可能污染的饲料原料不得用于动物饲料生产，除非正确取样测试后表明可用于某纲或某品种的动物饲料。

(6)所有饲料原料应贮存在适合的、经过完全清楚的鉴定认为干净的大仓或容器内。

2. 饲料和饲料原料加工　应执行书面程序。书面程序足以鉴别潜在生产错误或正在生产产品的潜在危险，可最大程度减低危害动物与人类健康。如此的实践属于对符合已有程序验证的检查。

(1)所有饲料和饲料原料的生产、包装、储存和配送，应该在尽可能减少污染的条件控制下完成。

(2)饲料加工以尽可能减少污染的方式进行。建议的程序可能包括以下 7 个方面。

①使用一种方法来鉴定产品生产中配方。

②批次记录提供了每批生产的产品来历，包括生产、贮存、包装与装载设备的情况。

③给每批次产品正确标注的方法。

④有效防止金属或其他无关物质进入饲料和饲料原料的手段。需要滤网、阀门、磁铁、电子金属监测器或其他有效工具。

⑤详细说明多批次产品间排序与冲洗的书面程序，从一批次到另一批次的传播可能存在对动物和人类的不安全因素。应保留支持书面程序的适当数据。如何防止生产反刍动物饲料的设备污染哺乳动物蛋白质，联邦规章要求有书面程序。

⑥适当许可产品产量的变化。应建立书面程序并在出货前计算与对照每次生产的实际产量与理论产量时贯彻实行，除非使用了容器贮存程序(每周停电情况下建议使用)。如果实际产量与理论产量对照时差异显著，超出公司规定的变化范围，此饲料在发货前应该确立判定产生误差的原因的途径，以避免危及动物或者人类安全。

⑦确定和贮存返工饲料的方法。

3. 实验室控制　使用适当的说明、测试程序与方法。分析没有达到产品规格的结果，调查核实生产过程是否在控制中，产品配方是否正确，产品配方中营养价值是否准确。

调查内容包括：检查产品记录，核实生产历史纪录是否是原因所在；产品配方的检查；配方中所用饲料原料数值的检查；加工过程文件的检查以及任何采取的纠正措施。

4. 仓库贮存与销售

（1）饲料和饲料原料应在保护产品、防止理化污染的条件下贮存和运输。

（2）饲料和饲料原料的贮存应最大限度地减少污染，有详细的存货周转清单，减少过期饲料总量。

（3）货车在大批装货前检查，确保没有污染。

（4）可能导致动物与人安全问题的饲料、饲料原料及其他产品，不应装入同一车辆，除非采取警告避免交叉污染。

（5）所有饲料和饲料原料应该适当标注，否则每次都得鉴别。

5. 标注

（1）标签与标注（包括小牌）应该良好收存，防止标签混淆发生饲料和饲料原料的错标。

（2）所有饲料和饲料原料（包括半成品）在任何时候容易识别。

6. 记录　建议接收、生产与销售的记录至少保存 1 年以上。

7. 批次编号　所有饲料和饲料原料应有编码，把每个批次产品与产品记录联系在一起，以提供产品的历史记录。此编码可能在产品包装袋、标注或其他的销售记录中，编码伴随在装运过程中，能够使产品在必要时可召回。如果编码数字是不分批次的，那么在问题投诉事件中，所有统一编码的产品均需召回。

8. 召回　所有的召回均应该按 FDA 描述的程序操作。

二、饲料生产、包装和配售的最佳管理实践检查单

此检查单由 AAFCO 提出，以鼓励采纳和自愿使用最佳管理实践和框架文件的指导文件。最佳管理实践的指导与框架制订了 AAFCO 作为一个教育手段和信息资源，以协助保持饲料和动物源食品的质量和安全。该清单的目的是找出切实可行的办法，投入到最佳管理实践计划中。鼓励饲料生产商、包装和分销商制订适合其个人业务的书面程序。更多信息请联系：

公司名称：________________________

设备名称（如不同于公司名称时）：________________

城市/州：____________________

电话：____________________

使用检查表个人名称/职称：____________________

检查表收到日期：________________________________

表明各自的条件或行为，在此列举清单。

(一)建筑物和场地

(1)建筑物、装置和其他有形设施处于良好状态。

(2)工作领域清洁、有序、照明良好。

(3)建筑物能为满足设备安装使用、生产加工，饲料和饲料原料有序的接收、运输和储存等的需要。

(4)控制到位，最大限度地减少可能污染的鸟类、鼠类及其他害虫(窗户或其他开口有纱窗或被关闭)。

(5)用于制造和储存饲料和饲料原料的建筑物有便利的结构和设备，以便进行清洗和维护。

(6)地面有足够的排水设施，方便日常维护，保证没有垃圾、废物、未经切割草、永久水源、储存不当的设备，以尽量减少昆虫、鼠类和其他害虫。

(7)肥料、除草剂、杀虫剂、杀菌剂、杀鼠剂及其他农药或有毒物质的储存，与饲料和饲料原料分开。

(二)设备、维修和内务处理

1. 设备

(1)用于衡量微观成分的表和计量装置，要进行测试，至少每年进行一次校准。

(2)用于衡量饲料或饲料原料、饲料配方使用的表和计量装置要进行测试，至少每年进行一次校准。

(3)用于饲料或饲料原料生产的所有混合机器定期进行测试以验证适当，确保最终产品是统一的质量和安全性。

2. 维修

(1)按照时间表(如日历、时间表等)进行例行维修，涉及用于生产的饲料或饲料原料(如磁铁、屏风、传送带、奥格、混频器、研磨机、粮食碾压机、颗粒厂，等等)设备的维修。

(2)设备的建造和维护，以尽量减少污染的可能，如润滑剂或清洁剂。保存记录或建立文件。

3. 内务处理

(1)有内务整理程序，指定了需要清理设施的区域和清洗频率。

(2)控制粉尘，以尽量减少饲料或饲料原料可能的污染。

(3)适当管理饲料和饲料原料的洒漏，尽量减少潜在污染。

(4)选择适合饲料和饲料原料加工使用的润滑剂和清洗剂,使用及存储方式要按照标签指导,最大限度地减少对饲料或饲料原料的污染。

(5)用来存放袋装产品的托盘要清洁,在使用之前检查病虫害和污染物。

(6)执行虫害控制计划,以控制啮齿动物、昆虫和鸟类。

(7)限制使用的杀虫剂需通过认证申请。

(8)受过训练的人员才可使用非限制使用的杀虫剂或熏蒸剂。

(三)人事

1.教育、培训和监督

(1)涉及饲料或饲料原料的制造和销售员工和后备人员的接收,需要提供适当的培训,使其知晓其职责所在。

(2)把给员工提供质量保证和饲料安全培训纳入工厂的标准作业程序。保持记录或文件档案。

(3)明确指出负责监测、遵守质量保证程序的职责。

(4)质量保证规定监事会对员工的具体责任区进行足够的监督。

2.卫生管理

直接接触饲料或饲料原料的员工要有良好的卫生习惯,以尽量减少潜在交叉污染。

(四)购买和接收程序

1.购买

(1)饲料原料的可商售品质,遵守既定的联邦级别或规章的限制,限制毒素或污染物。这可通过如下的一个或多个环节控制:访问供应商的加工厂、供应商认证、购买合同的规格、监测质量、交付产品。

(2)饲料原料的批准,用于商业饲料的适当标识。

(3)饲料原料含有或可能含有哺乳动物蛋白时,根据FDA的疯牛病预防规章,应标有谨慎的声明"不要饲喂牛或其他反刍动物",禁止饲喂牛或其他反刍动物。

2.散装饲料

(1)按照要求,卸货前的卡车和列车车厢进行检查、标记和熏蒸告示。

(2)最初的产品从卡车(除气动卡车)及有轨车卸货前,目查潜在的污染。气动卡车保证供应商运送了清洁和无污染货物,供应商同意保留抽样。

(3)提单或其他运输单据随同含有或可能含有哺乳动物蛋白的饲料,禁止喂食牛或其他反刍动物。依据FDA的疯牛病预防条例正确标出警告:"不要饲喂牛或其他反刍动物。”

（4）用于装卸和传运的设备，可能构成交叉污染的危险（如根据 FDA 的疯牛病预防条例禁止哺乳动物蛋白），需有适当的清洁程序（如冲厕、测序或人身清理），然后卸载饲料原料。

（5）使用适当的抽样程序得到具有代表性的样品，并保留适当的时间（建议最少 3 个月）。

（6）原料成分接收记录收据要保留一定的时间（建议保留 1 年）。

3. 包装成分

（1）目查包装收到的任何损害，这可能导致不安全的污染。

（2）成分含有或可能含有哺乳动物蛋白的禁止饲喂牛或其他反刍动物，根据 FDA 的疯牛病预防条例标示适当的、谨慎的声明，“禁止饲喂牛或其他反刍动物”。

（3）目查袋装内容物在饲料中适量使用的潜在污染。

（4）接收记录收据要保留一定的时间（建议保留 1 年）。

（五）仓库和储存

1. 袋装饲料

（1）哺乳动物的蛋白质，禁止喂牛或其他反刍动物，根据 FDA 的疯牛病预防条例要求的方式存储，以防止混合或交叉污染。

（2）原料适当轮换的储存方式，尽量减少使用过期的库存。

（3）原料储存最大限度地减少潜在污染和虫害。

（4）尽量减少打开或破坏包装袋。

（5）适当贮存过期、损坏、发霉变质或以其他方式被丢弃的掺假物质。

（6）存储区域适当地清洁和保存有序。

（7）原料储存避免有害物质和未经批准的饲料添加剂（如农药、化肥、润滑油、石油产品、腐蚀性化学物质和清洁剂）。

2. 散装饲料

（1）保护饲料原料不受天气损害或对环境造成污染。

（2）储物箱及货柜应该明确标示，并指明具体成分与商品。

（3）禁止喂牛或其他反刍动物的哺乳动物蛋白，根据 FDA 的疯牛病预防条例的方式存储，以防止混合或交叉污染。

（4）使用适当程序清洁接收槽和装卸设备（如冲厕、测序或人身清理），以尽量减少潜在的污染。

（5）适当贮存损坏、发霉变质或以其他方式掺假被丢弃饲料。

（6）原料储存，最大限度地减少潜在污染和虫害。

(7)存储区域合理清洁并整齐。

(8)原料储存避免有害物质和未经批准的饲料添加剂(如农药、化肥、润滑油、石油产品、腐蚀性化学物质和清洁剂)。

(六)饲料和饲料原料生产

1. 成分生产　饲料原料的制造商有适当的质量保证程序和手续,最大限度地减少潜在污染。

2. 饲料生产

(1)饲料和饲料成分,包括工作清单,均需确定妥当。

(2)使用的混合机需按照制造商的规格。

①众所周知的最小容量和最大容量限制需遵守;

②混合机和传送带不能积留太多的旧料。

(3)使用书面程序,指定适当的清理程序,以尽量减少交叉污染可能危及动物或人类的健康。

①使用下面清理程序:测序、冲洗、物理打扫、其他(描述)。

②若用于冲洗,需使用足够量的冲洗材料。冲洗材料的储存和使用尽量减少可能污染其他饲料或饲料原料。

(4)通过计算和比较实际产量与理论产量,确定适当的、饲料生产过程允许的误差。当发生显著差异时,装运之前需确定原因,并采取适当的行动。

(5)返工产品应适当标记、储存和使用,尽量减少可能污染饲料或饲料原料。

3. 实验室控制　不符合产品规格的分析结果要进行调查,以确认制造过程是在既定的限制范围内,产品配方是正确的,营养价值所用的公式是准确的。记录审查过程和任何纠正行动。

(七)配方、标签和生产记录

1. 配方

(1)审查计算配方,定期核实安全,遵从法规,确认动物品种和类别。

(2)确定和维护配方,以确保其和当前的标签一致。

2. 标签

(1)标签储存,最大限度地减少可能错误标记饲料或饲料原料。

(2)使用之前由一个负责任的人审查标签。

(3)丢弃过期标签。

(4)所有饲料或饲料原料的分发都要贴标签(或附有标签)。

(5)标签的使用应该遵守州或联邦的法律和规章。

(6)声明警告法律所要求(如有关禁止哺乳动物蛋白、非蛋白氮和硒)是当前突出的问题。

(7)喂养和混合指南要保证足够的安全,专用的饲料或饲料原料需获批准。

3. 生产记录

(1)保持饲料或饲料原料生产记录,记录包括代码或批号、具体的批号或生产量。

(2)保持生产记录一定时间(建议至少1年)。

(3)实际与理论权重确定可接受的偏差。

(4)在实际生产与最后负荷重量或袋计数的比较。

(5)对生产记录和日常管理进行审查,发现重大差异立即通知。

(八)运送和分发

1. 饲料原料(适用于饲料原料的生产与配售者)

(1)饲料原料销售需遵守既定的限制使用毒素或污染物的联邦管理水平或规章。

(2)饲料原料被核准经销。

(3)饲料原料标签正确。

(4)成分含有或可能含有哺乳动物蛋白,禁止饲喂牛或其他反刍动物,需根据FDA的疯牛病预防条例标示适当的、谨慎的声明,“不要饲喂牛或其他反刍动物”。

(5)饲料原料(除了那些通过气动卡车转运的),须由受过训练的人员视觉检查。对于正在通过气动卡车转运的饲料原料,供应商留存代表性抽样一个适当的时期。

(6)随同货物的提单或其他合同或货运单据,说明来源、质量、数量和目的地。

(7)装载之前检查运输工具(卡车、火车车厢等)是否清洁和结构完整,以尽量减少污染的可能性。

(8)运输工具的加载和卸载,最大限度地减少饲料原料可能的混淆或交叉污染。

2. 成品饲料(适用于饲料生产者与销售者)

(1)从混合机到运输工具(如卡车和火车车厢)确保成品饲料的类别与完整。

(2)产品含有哺乳动物蛋白,禁止饲喂牛或其他反刍动物,需根据FDA的疯牛病预防条例标出适当的、谨慎的声明,“禁止饲喂牛或其他反刍动物”。

(3)成品饲料产品由训练有素的人员目视检查。

(4)使用适当的抽样程序抽样,并保留适当的时间(建议最少3个月)。

(5)装载之前检查运输工具(卡车、火车车厢等)是否清洁和结构完整,以尽量减少污染的可能性。

(6)运输工具的加载和卸载,最大限度地减少饲料原料与成品的可能的混淆或交叉污染。

(九)投诉和召回程序

(1)制订和实施处理顾客投诉程序。程序包括调查和调查结果的记录和投诉如何得到了解决。

(2)制订书面召回计划。召回是按照由美国食品和药物管理局(21 病死率第七部分,子部分 C 中)的程序。

(3)可能涉及掺假或不安全的饲料受到影响的事件要及时通知。认真考虑给予联邦和各州的监管机构确切的通知。

(4)存在的产品被召回适当文件。

(5)召回产品采用适当的方式处理、使用或丢弃。

(十)不检查项目与采取的纠正行动

使用本节以查明清单中列出的不符合条件/行为的以及后续行动或解决这些项目建议的任何条件或实践。

三、美国动物饲料管理协会的强制性方针

AAFCO 的历史可追溯到 1909 年,管理官员首先召集并建立了数个目标:认真考虑复杂的观点反映出工业问题,准备统一的饲料清单,阐明公平的定义、管理与决心,考虑接受新原料的定义,建立适宜的标识要求。AAFCO 成立之初最重要的意图是促进立法、统一管理与强制性政策。随着 AAFCO 的发展,保持与修正了饲料法与管理的典型文件以支持法律的执行,迄今为止,AAFCO 仍未特别专注于统一强制性规定。

动物饲料管理法律的首要目的是保护动物健康和安全食品供给,保护消费者,为动物饲料行业提供公平公正的环境。AAFCO 哲学中写道:“饲料管理的我行我素起不到有益的效果,除非同时实施强制性手段。强制规定必须允许权力机构证实企业是否服从管理,对不服从者的惩罚需按照规章,且足以起到威慑作用,有欺骗时,惩罚仍不是最高限。”AAFCO 哲学进一步指出“规则的强制执行需由独立的中立机构操作,管理机构不能有强制执行的既得利益,也不能被指责对管理过分热衷和自我得意”。

从 AAFCO 哲学清楚可见,AAFCO 把强制执行看做是基本且没有限制的震慑,公平而无既得利益,仅在一定程度上需要或多或少的服从。当今的商业环境有

很多的困惑，部分由于强有力的饲料工业转变于国际化贸易产生，提供能够为全部饲料控制官员、生产者、销售者和使用者接受的强制性统一执行方针，是一个挑战。只有通过精心策划与实施，共同努力，正确判断，强制性方针才能有效执行，获得较好的效果。

（一）强制性的前景

强制性政策的目的是鼓励饲料控制官员行动一致，但需要认识到这些政策确实需要，而非盲目让人跟随的专用秘诀。政策使用者在不同的环境或许有些变化，对政策的解释可能有改变，或被当地的政治实体所润色。

鉴于大小不同、形式多样、复杂多样的饲料工业，在未得到个体公司认同并合作的情况下，保持合理的顺从性比较困难。事实上，许多饲料调控计划的成功归功于企业合作，企业有保证产品和销售安全、诚信与质量的愿望。

因此，重点是寻找自愿服从法律的企业行动。强制执行政策的成功可由工业服从水平测定，而非发表表扬的数量。检查者看到的、焦点新闻中报道的或检查报告中描述的违法事例的纠正行为应得到鼓励。这些举动应变成被检查公司的信誉，成为该公司服从法律的历史记录。

当人们不了解、熟悉法律和法规时，比较难以执行。因此企业应参与到规章与政策的制定中。控制官员给企业提供教育计划，特别是旧计划变更与新计划的开始，使得变化顺畅，抵触较少。同样，控制官员加入到工业教育计划，促进对问题的理解和更多知识点的讨论，取得积极效果。任何情况下，当教育形式适宜时，对企业雇工的实际培训计划可能有助于企业执行政策。

管理官员的检查、抽样和分析程序需要具有代表性和广泛性。检查、抽样、调查程序应基于过去一年的回顾。

（二）选择强制手段的注意事项

若自愿教育与政策服从不成功，那么饲料管理人员该做什么呢？遗憾的是这个问题的答案是“看情况而定”。没有两个事例或两个环境是完全相同的，为得到服从的目的，选择和使用的强制性手段，也总是有数个决定因素。有些违反较小，有些可能较严重。大部分违反本质是管理和技术上的。下面列举了看穿违反行为的途径。

违反的本质和重心是什么？施加给人、动物或者环境的侵害，会或将会产生怎样的风险？违反会或将会导致什么水平的侵害？

什么样的违反者应受到谴责？违反是意外、误解或失职，还是有意、疏忽、蔑视、不关心、欺骗，等等？

违反者是否表现出较好的信心，努力遵守、合作和改正错误？

违反行为前是否有服从的愿望并付出努力的历史记录？

如果可以使用经济惩罚，现在的违反行为怎样惩罚才合适？能给潜在的违反行为造成合适的威慑作用吗？

国家和违反者能够负担地起实现服从的费用吗？违反行为和服从的利益是否按比例占有资源？

这里提供的大部分强制性手段来自于AAFCO典型清单。未列出的三个有名手段包括劝诫、仲裁、民政处罚。劝诫常常分两种：由高一级管理机构劝诫，由较高权力或有处置案件的管理机构劝诫。仲裁是强制服从的另一个有效手段，应在强制性手段中应用。民政处罚有时被控制官员当作有效的手段，民政处罚有时是令管理者讨厌。回顾一下AAFCO哲学，有人可能认为民政处罚成了一种法定利益。当处罚自动或习惯性为管理计划筹措资金时，可能靠近了利益冲突的边缘。民政处罚若能合理使用，也能由控制官员用于管理，这就是一个强制性手段。

（三）强制性手段的种类

总之，应为强制性手段发展留有余地。选择适宜强制手段时，常常应该给更急需解决的重复或更严重的违反留有选择机会。通常的手段按照渐进顺序排列如下。

1. 建议或通告书　这是一种包括顺从协助与教育的形式，常用于对健康、安全与环境没有造成威胁的非重复发生的违反行为。如涉及行政许可、产品注册、缴税的违反行为。

2. 警告函（要求或不要求回复）　此手段通常清楚的描述了违反行为并要求改正。此函有时要求书面回复如何改正，有的不要求。此函适于已经表现出或将能够造成健康、安全与环境威胁的违反行为来使用。进一步讲，它适用于反复的行政违反行为。

3. 撤销销售权　当健康、安全与环境因饲料的销售而带来威胁时适于此手段，也可能在其他手段未能对严重地违反和显然的错标起作用时使用。

4. 非正式听证会　提供一个把各团体召集在一起讨论违反行为本质的机会。趋向于赞同命令或同意判决。适用于许多包括经常性和威胁健康、安全、环境的违反行为；行政处罚和证书否认或撤回、或其他严重违反管理行为。为推进服从可以联合使用其他手段。

5. 仲裁　来自所有党派的会议，会上形成统一判定和一致服从认识。

6. 罚款　罚款是一种对违反行为的金钱处罚。罚款费的高低取决于违法的严重性和反复抵触的本质。会有通知，必须提供行政（正式的）听证会机会。当其他手段不可用时，该手段用来阻止长期的违反或专注于违法行为。民政处罚应使用非正式的信函、警告函、非正式听证会、行政听证会。

7. 取消、禁止 由于重复的违反(包括销售报告、付税、经常性分析缺陷)导致了违反执照、许可、注册时采用此措施。

8. 行政听证会 行政听证会(正式的)在发布民政处罚、证书否认或撤回前，给被调控单位一个申诉机会。适用于长期的违反存在对健康与安全构成威胁时。

9. 定罪、没收

10. 禁令 限制饲料公司远离违法行为，瞬间的无准备的伤害情形下使用此手段。也适用于限制某一公司长期的肆意违反行政法的操作。

11. 犯罪检举 法庭可检举某公司或某人阻碍商业饲料管理的执行。此手段可应用于任何违法行为，但是其他手段也可能适宜。

许多这些执行手段可同时使用，彼此结合，特别是信函和停售通知。手段的联合取决于违法行为、反应、服从历史与要求的改正措施。

(四)强制性方针使用要点与评分

下面描述了当选择适宜手段对付产品或产品标识、生产、存贮和销售中违法行为时，6 个需要考虑的因素，每个因素的描述中均包括了不同情况。按照方针要求，选择适宜的情况并记录其分值。合并所有因素的分值，从违章表格范例中选择出适宜的强制性手段。表 8-1 中提出 5 个违法类别，但可修正成相互包含或把某个较大类别分成多个。4 个数值变动区间适应全部地域情况。

表 8-1 违章表格范例

违章	分值范围			
	4～8	9～12	13～19	20～29
标记	没有措施 通知函	警告函 停止销售 非正式听证会	定罪/抓捕 非正式听证会 禁令 提交其他代理 民政处罚	起诉 正式听证会 禁令 提交其他代理 民政处罚
GMPs				
抽样结果				
污染				
行政管理				

1. 公司历史记录评分　受调查公司与个体的历史预示着其工作中保证服从的承诺。历史记录包括检查、抽样分析、标识监督、以前的强制性执行措施。是否许诺纠正措施和完成、完成是否迅速、是否有类似问题一再发生，下列权重用来评价公司的历史记录。

(0分)查看公司历史，表明一直以来是服从的；

(1分)没有历史记录的档案；

(2分)公司历史记录仅有较少的违法行为且得以纠正；

(3分)公司有明显违法的例证或反复较小的违法行为；

(4分)公司有明显违法的例证且许诺的纠正措施很少履行。

2. 态度的评分　公司或个人态度有助于判定执行服从承诺的情况和为鼓励实行而强制性实施的程度。公司答应改正并执行了吗？他们知道操作中的法律法规与要求吗？能够承担发现问题的责任吗？纠正及时吗？纠正后维持纠正状态没有？有没有研究类似体系或产品并做出彻底改正？下列权重用来评价公司态度。

(0分)承担许诺服从的责任，知晓要求，有质量保证书或培训计划，许诺的纠正措施及时履行，恰当地纠正相似产品或体系的不足；

(1分)承担许诺服从的责任，知晓要求，许诺的纠正措施未及时履行或纠正不彻底；

(2分)确实有许诺服从的责任心，但不了解要求，没有许诺改正，且没有实施改正行为。

3. 销售范围的评分　公司业务范围和违章行为的范围是选择适宜强制措施的重要因素。考虑到违章产品的销售，当地还是多个县、全州还是多州、国内还是世界范围？涉及到违章产品的数量？多少动物被影响？违章产品使用在一定群体还是广泛群体？违章的是单一产品还是单一特定批次产品？是多产品违章还是加工过程违章？是产业习惯做法吗？下列相对权重应用于评价违章范围。

(1分)非常有限的销售分布与数量，购买者有限，单一批次违章；

(2分)销售限于州内或邻近州，一两种产品违章，销售产品的数量相对较小或受影响的动物数量较小，在非关键性过程上违章；

(3分)销售无局限，涉及较大数量产品或影响到的动物数目巨大，关键性步骤存在违章或多产品违章。

4. 违章本质评分　违章的实质对强制性措施的类型有影响，影响到强制性措施的焦点在产品与过程，还是个人。需要考虑违章的大小，零星的还是持续不断的，仅仅记录保存或控制问题还是产品缺陷与污染，人为错误还是因为公司或个人缺乏了解责任和掌握法律要求的结果，违章是否是明知故犯。当判定违章是否显著，是否为主要违章，应该考虑到当今可用的科学和政策。下列相对权重应用于评价违章实质。

(1 分)小的标识违章，小的或零星的记录保存违章；

(2 分)违章不小但难免发生，人为错误或要求知识的缺乏导致的结果；

(4 分)明显的 GMP(FDA 表格中星号标记项)或标识违章、污染、欺骗；

(8 分)故意违章，知道违章导致的对公众的危害。

5. 违章影响评分　采取最恰当的执行措施与对制止侵害产品使用者的利益的违章行为紧密相关(价格波动、欺骗行为)，与动物的安全及人类的健康也密切相关。不论违章行为对食用或非食用动物产生影响都应认真审查。违章行为本质上是经济性的还是欺骗性的？是否符合动物生产安全？是否对人类的健康安全产生威胁？是否对特殊群体产生危害(幼儿、免疫力缺乏人群、老人)？下列权重用来评估违章行为的影响：

(1 分)最小程度的经济上或者欺骗性违章；

(4 分)涉及动物安全；

(8 分)涉及人类健康，但涉及群体有限；

(10 分)涉及人类健康且让全体人群承担风险。

6. 回报的评分　考虑饲料企业为什么回报而违章。

(1 分)没有可得到的回报；

(2 分)可以得到回报有限；

(3 分)可以得到丰厚的回报。

第九章　美国饲料生物安全与应急处理指导文件

一、美国饲料生物安全指导文件

(一)目的

此文件旨在指导饲料控制官员的行为,鼓励将由此文件演化而来的协议整合进日常事务。生物安全是控制动物传染性疾病的有效手段,如手足口病、炭疽、猪水泡病、外来鸡新城疫(VVND)和禽流感等;还有一些临床症状不明显的接触性传染病。生物安全与生物(农业)恐怖行为有类似之处。

对于生物安全除教育计划外,AAFCO鼓励采用下列措施,加速企业采用生物安全计划。

(1)生物安全内容演化和实施进入所有影响食用动物的个人和实体的日常操作,这些个人和实体包括(不限于):调控机构、大学、兽医、家畜生产者、饲料生产者、饲料成分生产者、饲料添加剂供应者、所有饲料成分供应者等。

(2)调控机构、饲料工业和家畜生产者应乐于合作和分享有关生物安全信息。与其他机构合作,包括(但不局限于)州内兽医、美国农业部/检疫局、兽医诊断实验室、食品管理机构,及其合作分支服务部门,如联邦的、州内的、当地的及可以使用的有关管理当局等,这是由于这些机构能提供特殊的帮助。

①研究机构和大学应努力研发有助于维持农牧场生物安全和其他农业经营的新策略。

②法律执法机构应加强交流联系,供必要时相互支持。

(二)协议发展

下面阐述了部分与农业和农业工业相关的,应在未来发展和实施的程序(注:下述并非综合了全部的措施,在生物安全分会,有更详细的、特定应对程序去控制危害)。

1. 准备与计划　检查所有设备证实存货清单和类型足够,尽可能地限制显露不必要的设备。

证实所有设备运转良好。

正确的清洁设备,不仅仅局限于车辆、取样设备、人身安全设备,尽量减小在检查地点发现传染物的可能。

如果检查点有自身专门的生物安全程序，则对照检查。尽可能让检查员利用最有说服力的程序。

若环境条件允许，考虑通过电话作检查前的访问，以便发现可能的生物安全风险，了解职员是否遵守生物安全程序。

2.安全程序 应穿胶鞋(或其他易清洗和消毒的鞋)、高腰套靴或一次性塑料鞋。应禁止穿深鞋底或其他不能有效消毒的鞋。若员工经常会客，考虑配备仅在会客时穿的备用鞋。

所有脏的和有生命的物质应该远离鞋。鞋应该使用桶、刷子和适宜的消毒剂[如1%的过一硫酸氢钠、6%次氯酸盐溶液、4%碳酸钠、2%氢氧化钠、2%洗必泰、氨盐、酚类、硫酸钠、甲醛或其他美国环保署(EPA)注册和批准的产品]消毒后可进入或离开动物饲养场所。需要提供消毒用的清洁水，因其不能在现场获得，冬天要防止消毒液结冰。

当接触动物粪便和其他动物分泌物(如汗、唾液、精液、阴道分泌液、水疱等)时，要穿一次性或干净的工装、实验室大衣、工作服或其他适宜的外衣。外衣需要灭菌，但接触了动物或被粪便、血、乳、其他分泌物污染后，应换干净衣服。污染的衣服和工装应该小心的移开，避免邻近衣服被污染，在清洗前放置塑料袋中。

干净与脏的衣服、设备和材料要隔离。车辆应分别停放在标有"净"、"污"标志的区域。

使用过的一次性鞋、手套、工装尽可能远离设备，否则应置入安全的塑料袋以备随后适当处置(如掩埋法处理、焚化等)，禁止丢弃到另一农业工业区域。

车辆尽可能避开在粪便、废水、滞留水中穿行，应远离棚舍、草地、养殖区域停放。检测现场车辆尽可能停放在混凝土地面或铺平的区域。

车辆，包括轮胎和地垫(地毯应覆盖塑料地垫以便清洗)应该经常清洗。可以在商业洗车房冲洗，但有些情况下需在轮胎和车底喷雾及更详尽的净化方法。

所有田间使用设备(如冷藏箱、采血管、笔记板，等等)应保持干净。任何接触到动物及其分泌物的设备必须消毒后再接触另一设备；否则，应使用备用设备。电子设备(如手机、无线电、GPS机，等等)应特殊考虑，因其不抗水，难以消毒，现场使用的电子设备应谨慎处理。

手和暴露在外面的手臂用肥皂或批准使用的清洁剂完整洗涤后，方可进入。一次性的乳胶手套不能代替洗手。进入现场应尽可能完全洗浴，头发应每日清洗以除去潜在病菌。

任何时候都要尽可能执行已实施的生物安全检查程序。若未实施安全检查，缺乏相关程序，须用自己的程序建立范例。向你的管理者代表解释为何这么做，以及这样做的重要意义。

未进行上述安全措施请不要到其他养殖区（如养殖场之间、养殖场与饲料场间）。

尽管并非每个设备都有安全检查程序，也要采用适当的程序清洗，切记你也要对你到的另一地方的生物安全负责。

（三）应答反应与检疫

1. 假定阳性　如果在州、联邦或当局境内发现畜禽中任何一种下列疾病症状，应该联系兽医做出诊断并尽可能把动物隔离起来。

动物群体内不明的突发死亡；大量动物突然停食，病症严重，包括（不限于）走路摇摆、倾斜、转圈，肠或膀胱失控，麻痹，失明等；动物口、鼻、乳头和蹄部有水泡。

许多的这类病症并非传染病，但应该采取预防措施，弄清事件实质，看是否为传染性疾病。在“假定阳性”情况下必须严格服从生物安全程序（包括最严格净化）。所有其他工作延缓，直到疾病判明和适宜净化措施后，再作决定。

2. 确认阳性　依照州、联邦法律，外来动物疾病或出现突发疾病事件需要报告。动物在假定阳性的可能情况和类似阳性认定的情况下可进行检疫和检验。检疫的责任和封锁的纠正步骤将依照发生的情况指令，必须和当局取得联系。

二、美国动物饲料管理协会典型应急指导文件

（一）目的

紧急情况是一种非正常的情况，将对人、财产与环境造成危害，要求超越正常程序立即行动。该文件要反应和处理饲料控制机构管辖区域内的紧急情况，紧急情况能潜在的对人、动物健康与安全构成威胁，可能影响食物与饲料安全。

（二）有效反映的初级设备

签订合同和技术支持保障，保证紧急情况发生时有可利用的人选。

准备电话清单（包括电话号码、传真、文件、手机、家庭电话、电子邮件和常规邮件地址），或其他联系方式（尽可能多的可以联系的人员名单），保留的联系方式有效。当紧急事件真正发生时，首先联系关键人员。

1. 可能联系的管理小组或机构

机构内

实验室	法制办公室	法律顾问办公室	公开信息办公室	管理主任办公室

联邦有关部门

国内安全机构	健康与社会服务	海关总署	国防部	贸易协会
食品/饲料检查机构	环保机构	司法部	国家安全管理	卫生部
美国食品药品监督管理局	农业部	能源部	稽查局	兽医诊断实验室

州/省/地方政府办公室

保育部，自然资源与环境质量保护部	商业部
农业部，植物或林业研究会	野生动物与渔业部
药品委员会	水产资源部
州化学师办公室	职业监管部
公安部	兽医诊断实验室
卫生部，人群与社会服务	土地配置大学
州立兽医，动物卫生与家畜委员会	警察、治安官、治安官
首席检察官	消防队
	医院（当地的或地区的）
	利用：气体、水、电力、污水

2. 工业组织

生产者协会（如养牛协会、牛饲料协会、养猪协会、家禽生产者协会等）、谷物及饲料协会、饲料生产者协会、设备供应者协会等。

3. 其他的辅助机构

法医实验室	大学与大学中心
毒物控制中心	联邦、州、当地应急管理机构
毒理学	
病理学	

（三）事件种类

事件可分为：公开事件、隐蔽事件、恶作剧事件、暴力事件、天灾[火灾（包括爆炸）、水灾、风、地震]、交通工具轻微的事故、毒素、食品和饲料供应、水的供给、动物冲撞事件、其他事件。

（四）计划

处理（应付）危机的办法考虑了 4 个“C”：应急内容（Contain）、交流（Communicate)、控制(Control)、纠正(Correct)。

1. 应急内容　通过调查确定:包括不限于危急事件地点安全、危险调查(危机分析)、稳定地点等;收集人物、事件、地点与时间的详细情况;危急事件的警惕监督者;需要时启动警察当局处理。

2. 交流　通知指定主管;通知部门和机构内部;确认应急小组;评估并控制任何接收到的国内外信息的传播;需要时牵涉对外联系;媒体与记者的处理。

3. 控制　尽早成立机构与领导组;维持现场控制;跟踪保证控制;需要时扩大控制、调节反应、队伍人员的范围。

4. 纠正　危急的处置;决定策略阻止危机再次发生;进行过去危急事件回顾和执行评估。

(五)主要问题

1. 团队领导责任　"分诊":了解问题,决定需要联系谁,在小组成员中充当联络员;决定是否控制现场和关注事件进展;协调调查和当局行动;协助法律部门;没有新闻官员时确定接待媒体记者的新闻发言人;决定何时终止危机反应;指导回顾过去危急事件的处理经验和教训;保持行为、记载和决定等的书面记录。

2. 小组职责　使主管知晓事件经过;执行完整调查、取证和必要调节行动的监督;认识和收集问题;实施当地控制和协调工作;监督现场发现问题的处理;提供追溯与跟踪调查,判断原因与内容以及可能的解决办法;为主管提供完整详细的书面材料;参与以往危急事件回顾与执行评估。

(六)召回计划

(1)召回的深度依赖于危害的水平、混乱的程度以及产品识别的容易度,一般有消费者层次、零售商水平、批发水平。

(2)公开警告取决于情况的紧急是否,是否有其他方式阻止要召回产品的使用等,一般有如下形式:通过新闻媒体进行总的公开警告;通过专业或者商业媒体进行专门的警告,或对特定部分的人群(如兽医、卫生部门、奶牛生产者等)进行警告;明确界定需要警告目标人群的范围。

(3)"有效检查"证明召回通知是足够的和适当的措施。

(七)回顾

设置回顾计划的频率;计划考虑到回顾需求的变化;周期性测试典型计划;有规律地对参与者再教育。事件不可能包括每一步骤,不可能按照特定顺序发生。

图书在版编目(CIP)数据

饲料质量评估与安全管理/韦海涛,辛盛鹏主编译.—北京:中国农业大学出版社,2008.12

ISBN 978-7-81117-643-8

Ⅰ.饲… Ⅱ.①韦… ②辛… Ⅲ.①饲料-质量检验 ②饲料-安全管理 Ⅳ.S816

中国版本图书馆 CIP 数据核字(2008)第 194580 号

书　　名　饲料质量评估与安全管理

作　　者　韦海涛　辛盛鹏　主编译

策划编辑　魏秀云　董夫才　　**责任编辑**　周　伟

封面设计　郑　川　　**责任校对**　王晓凤　陈　莹

出版发行　中国农业大学出版社

社　　址　北京市海淀区圆明园西路 2 号　　**邮政编码**　100193

电　　话　发行部 010-62731190,2620　　读者服务部 010-62732336

编辑部 010-62732617,2618　　出　版　部 010-62733440

网　　址　http://www.cau.edu.cn/caup　　**E-mail** cbsszs@cau.edu.cn

经　　销　新华书店

印　　刷　涿州市星河印刷有限公司

版　　次　2009 年 1 月第 1 版　　2009 年 1 月第 1 次印刷

规　　格　787×980　16 开本　7.5 印张　132 千字

印　　数　1～3 000

定　　价　20.00 元